超值版

Word/Excel/PPT 2010
入门与提高

 龙马高新教育 编著

人民邮电出版社
北京

图书在版编目（CIP）数据

Word/Excel/PPT 2010入门与提高：超值版 / 龙马
高新教育编著. -- 北京：人民邮电出版社，2017.4
ISBN 978-7-115-45079-1

Ⅰ. ①W… Ⅱ. ①龙… Ⅲ. ①办公自动化－应用软件
Ⅳ. ①TP317.1

中国版本图书馆CIP数据核字(2017)第035946号

内 容 提 要

本书通过精选案例引导读者深入学习，系统地介绍了 Word 2010、Excel 2010 和 PowerPoint 2010 的相关知识和应用技巧。

全书共 14 章。第 1 章主要介绍 Office 2010 的入门知识；第 2～3 章主要介绍 Word 2010 的使用方法，包括 Word 2010 的基本应用和长文档排版应用等；第 4～7 章主要介绍 Excel 2010 的使用方法，包括 Excel 2010 的基本应用、管理和美化工作表、公式和函数以及数据分析等；第 8～10 章主要介绍 PowerPoint 2010 的使用方法，包括 PowerPoint 2010 的基本应用、动画和交互效果的设置方法以及幻灯片的放映与发布等；第 11～13 章通过实战案例，介绍 Office 在行政管理、人力资源管理以及市场管理中的应用等；第 14 章主要介绍 Office 的实战秘技，包括 Office 组件间的协作应用、插件的应用以及在手机和平板电脑中移动办公的方法等。

在本书附赠的 DVD 多媒体教学光盘中，包含了与图书内容同步的教学录像及所有案例的配套素材和结果文件。此外，还赠送了大量相关学习内容的教学录像及扩展学习电子书等。

本书不仅适合 Word 2010、Excel 2010 和 PowerPoint 2010 的初、中级用户学习使用，也可以作为各类院校相关专业学生和计算机培训班学员的教材或辅导用书。

◆ 编　著　龙马高新教育
　　责任编辑　张　翼
　　责任印制　彭志环

◆ 人民邮电出版社出版发行　　北京市丰台区成寿寺路 11 号
　　邮编　100164　电子邮件　315@ptpress.com.cn
　　网址　http://www.ptpress.com.cn
　　三河市海波印务有限公司印刷

◆ 开本：700×1000　1/16
　　印张：15
　　字数：350 千字　　　　　　　　　　2017 年 4 月第 1 版
　　印数：1 – 2 500 册　　　　　　　　2017 年 4 月河北第 1 次印刷

定价：32.00 元（附光盘）
读者服务热线：(010)81055410　印装质量热线：(010)81055316
反盗版热线：(010)81055315
广告经营许可证：京东工商广字第 8052 号

随着社会信息化的不断普及，计算机已经成为人们工作、学习和日常生活中不可或缺的工具，而计算机的操作水平也成为衡量一个人综合素质的重要标准之一。为满足广大读者的实际应用需要，我们针对不同学习对象的接受能力，总结了多位计算机高手、国家重点学科教授及计算机教育专家的经验，精心编写了这套"入门与提高"系列图书。本套图书面市后深受读者喜爱，为此我们特别推出了对应的单色超值版，以便满足更多读者的学习需求。

写作特色

从零开始，循序渐进

无论读者是否从事计算机相关行业的工作，是否接触过 Word 2010、Excel 2010 和 PowerPoint 2010，都能从本书中找到最佳的学习起点，循序渐进地完成学习过程。

紧贴实际，案例教学

全书内容均以实例为主线，在此基础上适当扩展知识点，真正实现学以致用。

紧凑排版，图文并茂

紧凑排版既美观大方又能够突出重点、难点。所有实例的每一步操作，均配有对应的插图和注释，以便读者在学习过程中能够直观、清晰地看到操作过程和效果，提高学习效率。

单双混排，超大容量

本书采用单、双栏混排的形式，大大扩充了信息容量，从而在有限的篇幅中为读者奉送了更多的知识和实战案例。

独家秘技，扩展学习

本书在每章的最后，以"高手私房菜"的形式为读者提炼了各种高级操作技巧，为知识点的扩展应用提供了思路。

书盘结合，互动教学

本书配套的多媒体教学光盘内容与书中知识紧密结合并互相补充。在多媒体光盘中，我们模拟工作、生活中的真实场景，通过互动教学帮助读者体验实际应用环境，从而全面理解知识点的运用方法。

光盘特点

11 小时全程同步教学录像

光盘涵盖本书所有知识点的同步教学录像，详细讲解每个实战案例的操作过程及关键步骤，帮助读者更轻松地掌握书中所有的知识内容和操作技巧。

超值学习资源大放送

除了与图书内容同步的教学录像外，光盘中还赠送了大量相关学习内容的教学录像、扩展学习电子书及本书所有案例的配套素材和结果文件等，以方便读者扩展学习。

配套光盘运行方法

（1）将光盘放入光驱中，几秒钟后系统会弹出【自动播放】对话框。

（2）单击【打开文件夹以查看文件】链接以打开光盘文件夹，用鼠标右键单击光盘文件夹中的MyBook.exe文件，并在弹出的快捷菜单中选择【以管理员身份运行】菜单项，打开【用户账户控制】对话框，单击【是】按钮，光盘即可自动播放。

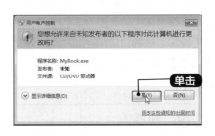

（3）光盘运行后会首先播放片头动画，之后进入光盘的主界面。其中包括【课堂再现】、【龙马高新教育 APP 下载】、【支持网站】3 个学习通道和【素材文件】、【结果文件】、【赠送资源】、【帮助文件】、【退出光盘】5 个功能按钮。

（4）单击【课堂再现】按钮，进入多媒体同步教学录像界面。在左侧的章号按钮上单击鼠标左键，在弹出的快捷菜单上单击要播放的节名，即可开始播放相应的教学录像。

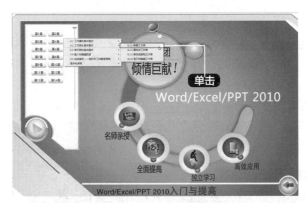

（5）单击【龙马高新教育 APP 下载】按钮，在打开的文件夹中包含龙马高新教育的 APP 安装程序，可以使用 360 手机助手、应用宝将程序安装到手机中，也可以将安装程序传输到手机中进行安装。

（6）单击【支持网站】按钮，用户可以访问龙马高新教育的支持网站，在网站中进行交流学习。

（7）单击【素材文件】、【结果文件】、【赠送资源】按钮，可以查看对应的文件和学习资源。

（8）单击【帮助文件】按钮，可以打开"光盘使用说明.pdf"文档，该说明文档详细介绍了光盘在电脑上的运行环境和运行方法。

（9）单击【退出光盘】按钮，即可退出本光盘系统。

龙马高新教育 APP 使用说明

（1）下载、安装并打开龙马高新教育APP，可以直接使用手机号码注册并登录。在【个人信息】界面，用户可以订阅图书类型、查看问题及添加的收藏、与好友交流、管理离线缓存、反馈意见并更新应用等。

（2）在首页界面单击顶部的【全部图书】按钮，在弹出的下拉列表中可查看订阅的图书类型，在上方搜索框中可以搜索图书。

（3）进入图书详细页面，单击要学习的内容即可播放视频。此外，还可以发表评论、收藏图书并离线下载视频文件等。

（4）首页底部包含4个栏目：在【图书】栏目中可以显示并选择图书，在【问同学】栏目中可以与同学讨论问题，在【问专家】栏目中可以向专家咨询，在【晒作品】栏目中可以分享自己的作品。

 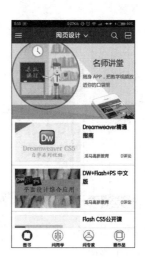

创作团队

本书由龙马高新教育策划，孔长征任主编，李震、赵源源任副主编。参与本书编写、资料整理、多媒体开发及程序调试的人员有孔万里、周奎奎、张任、张田田、尚梦娟、李彩红、尹宗都、王果、陈小杰、左琨、邓艳丽、崔姝怡、侯蕾、左花苹、刘锦源、普宁、王常吉、师鸣若、钟宏伟、陈川、刘子威、徐永俊、朱涛和张允等。

在本书的编写过程中，我们竭尽所能地将最好的内容呈现给读者，但也难免有疏漏和不妥之处，敬请广大读者不吝指正。读者在学习过程中有任何疑问或建议，可发送电子邮件至 zhangyi@ptpress.com.cn。

编者

目录 CONTENTS

第 1 章　Office 2010入门

本章视频教学时间
25 分钟

第 2 章　Word 2010的基本应用

本章视频教学时间
59 分钟

第 3 章　长文档排版应用

本章视频教学时间
57 分钟

第 4 章 Excel 2010的基本应用

本章视频教学时间
41分钟

第 5 章 管理和美化工作表

本章视频教学时间
42分钟

第 6 章 公式和函数的应用

本章视频教学时间
1 小时 20 分钟

第 7 章 Excel的数据分析

本章视频教学时间
50 分钟

第 8 章　PPT 2010的基本应用

本章视频教学时间
51 分钟

第 9 章　设置动画及交互效果

本章视频教学时间
33 分钟

第 10 章 幻灯片的放映与发布

本章视频教学时间
15 分钟

第 11 章 Office在行政管理中的应用

本章视频教学时间
30 分钟

第 12 章 Office在人力资源管理中的应用

本章视频教学时间
32 分钟

第 13 章　Office在市场管理中的应用

本章视频教学时间
20 分钟

第 14 章　Office实战秘技

本章视频教学时间
30 分钟

 DVD 光盘赠送资源

扩展学习库

- Excel 函数查询手册
- Office 2010 快捷键查询手册
- Word/Excel/PPT 2010 技巧手册
- 常用五笔编码查询手册
- 电脑技巧查询手册
- 电脑维护与故障处理技巧查询手册
- 网络搜索与下载技巧手册
- 移动办公技巧手册

教学视频库

- Office 2010 软件安装教学录像
- 7 小时 Windows 7 教学录像
- 7 小时 Photoshop CC 教学录像

办公模板库

- 2000 个 Word 精选文档模板
- 1800 个 Excel 典型表格模板
- 1500 个 PPT 常用演示模板

第 **1** 章
Office 2010入门

重点导读 ·· 本章视频教学时间：25分钟

本章通过对Office 2010的安装、卸载，以及常用三大组件工作
界面的介绍，使读者对Office 2010有一定的认识和了解。

学习效果图

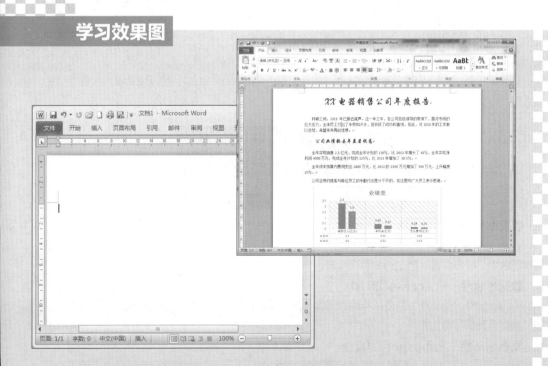

1.1 认识Office 2010

本节视频教学时间 / 8分钟

Office 2010办公软件中包含Word 2010、Excel 2010、PowerPoint 2010、Outlook 2010、Access 2010、Publisher 2010、InfoPath 2010和OneNote等组件。Office 2010中最常用的三大办公组件是Word 2010、Excel 2010和PowerPoint 2010，此外，其他办公中需要用到的还有Outlook 2010、Access 2010和Publisher 2010。

1. 文档创作与处理——Word 2010

Word 2010是市面上使用频率较高的文字处理软件。使用Word 2010，可以实现文本的编辑、排版、审阅和打印等功能。

2. 电子表格——Excel 2010

Excel 2010是一款强大的数据表格处理软件。使用Excel 2010，可对各种数据进行分类统计、运算、排序、筛选和创建图表等操作。

3. 演示文稿——PowerPoint 2010

PowerPoint 2010是制作演示文稿的软件。使用PowerPoint 2010，可以使会议或授课变得更加直观、丰富。

4. 收发邮件——Outlook 2010

Outlook 2010是一款运行于客户端的电子邮件软件。使用Outlook 2010，可以直接进行电子邮件的收发、任务安排、制定计划和撰写日记等工作。

5. 数据库软件——Access 2010

Access 2010是一种关系型的桌面数据库管理系统，使用Access可以创建数据库、数据表、报表、查询以及窗体等内容。

6. 发布出版物——Publisher 2010

Publisher 2010具有强大的页面元素控制功能,可以设计、制作和发布新闻稿、小册子、海报、明信片、网站以及电子邮件等。

7．数字笔记本——OneNote 2010

OneNote 2010是一种数字笔记本，提供有一个收集所有笔记和信息的位置，并提供强大的搜索功能和易用的共享笔记本的额外优势。共享笔记本用户可以更加有效地与他人协同工作。

InfoPath 2010是企业级搜集信息和制作表单的工具，在该工具中集成了很多的界面控件，为企业开发表单搜集系统提供了极大的方便。InfoPath文件的后缀名是.xml，使用InfoPath 2010可以将InfoPath表单部署为 Microsoft Office Outlook电子邮件形式，还可以轻松地将Word文档和Excel电子表格转换为InfoPath表单。

1.2 Office 2010安装与卸载

本节视频教学时间／5分钟

软件使用之前，首先要将软件移植到计算机中，此过程为安装；如果不想使用此软件，可以将软件从计算机中清除，此过程为卸载。本节介绍Office 2010的安装与卸载。

1.2.1 安装Office 2010

下面以在 Windows 7，系统类型为32位的操作系统下安装32位Office 2010专业版为例介绍软件的安装方法。

1 光盘放入驱动

将光盘放入计算机的光驱中，系统会自动弹出安装提示窗口。

提示 如果安装文件已经存储在本地硬盘中，找到并双击安装文件，即可进入软件的安装提示窗口。

2 点击安装

在弹出的对话框中阅读软件许可条款，单击选中【我接受此协议的条款】复选框，单击【继续】按钮，在弹出的对话框中选择安装类型，这里单击【立即安装】按钮。

3 切换自定义安装

在弹出的对话框中可以设置安装选项，还可以自定义程序的运行方式以及软件的安装位置，单击【立即安装】按钮。

4 安装

开始安装软件，在弹出的对话框中显示目前安装的进度。

5 完成安装

安装完成之后，单击【关闭】按钮，即可完成安装。

1.2.2 卸载Office 2010

不需要Office 2010时，可以将其卸载。

1 打开控制面板

单击【开始】按钮，在弹出的菜单右侧选项中选择【控制面板】选项。

2 单击【程序和功能】选项

打开【控制面板】窗口，以【小图标】的方式查看，单击【程序和功能】选项。

提示　在Windows 8系统中按【Win+X】组合键，在弹出的菜单中选择【控制面板】选项，即可打开【控制面板】窗口。

3 单击卸载

弹出【程序和功能】窗口，选择【Microsoft Office Professional Plus 2010】选项，单击【卸载】按钮。

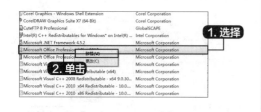

4 开始卸载

弹出【Microsoft Office Professional Plus 2010】对话框,并显示【安装】提示框,提示确定要从计算机上删除Microsoft Office Professional Plus 2010"，单击【是】按钮，即可开始卸载Office 2010。

1.3 认识三大组件工作界面

本节视频教学时间 / 5分钟

Office 2010采用了全新的操作界面，它的工作区域包括标题栏、快速访问工具栏、功能区、文本编辑区和状态栏等。下面以Word 2010为例来讲解一下Office 组件的工作界面。Word 2010的操作界面如下图所示。

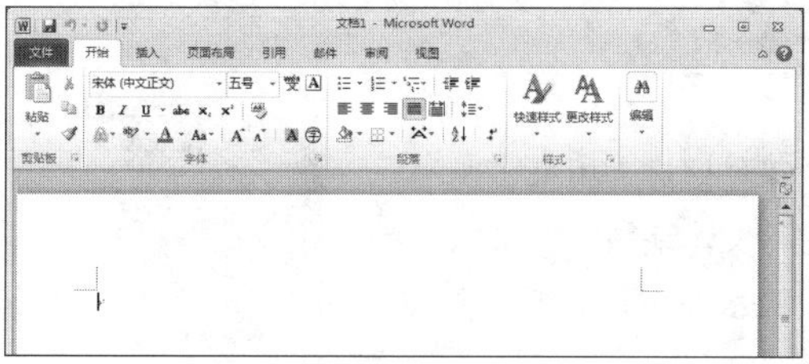

1. 【文件】选项卡

在Word 2010操作界面中，【文件】选项卡中主要包含了【保存】、【另存为】、【打开】、【关闭】、【新建】、【打印】等12个选项。

2. 标题栏

标题栏中间显示当前文件的文件名和正在使用的Office组件的名称，如“文档3-Microsoft Word”。标题栏的右侧有如下3个窗口控制按钮。

【最小化】按钮 ：位于标题栏的右侧，单击此按钮，可以将窗口最小化，缩小成一个小按钮显示在任务栏上。

【最大化】 按钮和【还原】按钮 ：位于标题栏的右侧，这两个按钮不会同时出现。当窗口不是最大化时，单击此按钮可以使窗口最大化，占满整个屏幕；当窗口是最大化时，单击此按钮可以使窗口恢复到原来的大小。

【关闭】按钮 ：位于标题栏的最右侧，单击此按钮，可以退出整个Word 2010应用程序。

3．快速访问工具栏

用户可以使用快速访问工具栏实现常用的功能，如保存、撤消、恢复、打印预览和快速打印等。

4．功能区

功能区是菜单和工具栏的主要显示区域，几乎涵盖了所有的按钮、库和对话框。功能区首先将控件对象分为多个选项卡，然后在选项卡中将控件细化为不同的组。

5．文本编辑区

文本编辑区是主要的工作区域，用来实现文本的显示和编辑。在进行文本编辑时，可以使用水平标尺、垂直标尺、水平滚动条和垂直滚动条等辅助工具。

6．状态栏

状态栏提供页码、字数统计、拼音、语法检查、插入、视图方式、显示比例和缩放滑块等辅助功能，以显示当前文档的各种编辑状态。

1.4 实战演练——自定义Office 2010操作界面

本节视频教学时间 / 4分钟

良好舒适的工作环境是事业成功的一半，用户可以自定义Office 2010窗口，使其符合自己的习惯。下面以Word 2010为例讲解如何定制窗口。

第1步：添加快速访问工具栏按钮

通过自定义快速访问工具栏，可以在快速访问工具栏中添加或删除按钮，便于用户快捷操作。

1 寻找【快速打印】选项

在打开的Word 2010文档中，单击快速访问工具栏中的【自定义快速访问工具栏】按钮，在弹出的【自定义快速访问工具栏】下拉列表中选择要显示的按钮，这里选择【快速打印】选项。

2 添加【快速打印】选项

此时在快速工具栏中就添加了【快速打印】按钮。

4 添加【另存为】选项

弹出【Word选项】对话框，选择【快速访问工具栏】选项卡，在【从下列位置选择命令】下拉列表框中选择【常用命令】选项，在下方的列表框中选择要添加的按钮，这里选择【另存为】选项，单击【添加】按钮，即可将其添加至【自定义快速访问工具栏】列表，单击【确定】按钮。

3 在列表中选择【其他命令】选项

如果【自定义快速访问工具栏】下拉列表中没有需要的按钮选项，可以在列表中选择【其他命令】选项。

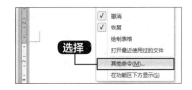

5 完成添加

此时可看到快速访问工具栏中添加的【另存为】按钮。

第2步：设置快速访问工具栏的位置

快速访问工具栏默认在功能区上方显示，可以设置其显示在功能区下方。

1 访问工具栏

单击快速访问工具栏中的【自定义快速访问工具栏】按钮，在弹出的【自定义快速访问工具栏】下拉列表中选择【在功能区下方显示】选项。

2 完成移动

此时将快速访问工具栏移动到了功能区下方。

提示　重复步骤 **1**，在弹出的【自定义快速访问工具栏】下拉列表中选择【在功能区上方显示】选项，即可将快速访问工具栏移动至Word 2010窗口左上角。

第3步：隐藏或显示功能区

隐藏功能区可以获得更大的编辑和查看空间，可以隐藏整个功能区或者折叠功能区，仅显示选项卡。

1 单击【功能区最小化】按钮

单击功能区任意选项卡下最右侧的【功能区最小化】按钮 ⌃。

2 仅显示选项卡

此时折叠功能区，仅显示选项卡。

提示　再次单击【展开功能区】按钮 ⌄，即可显示全部功能区。

 高手私房菜

技巧1：快速删除工具栏中的按钮

在快速访问工具栏中选择需要删除的按钮，并单击鼠标右键，在弹出的快捷菜单中选择【从快速访问工具栏删除】命令，即可将该按钮从快速访问工具栏中删除。

技巧2：更改文档的默认保存方式

为了方便文档的保存，可以设置默认的保存方式。

1 选择【文件】选项卡

选择【文件】选项卡，在列表中选择【选项】选项。

2 更改默认保存方式

弹出【Word选项】对话框，在左侧列表中选择【保存】选项，单击右侧的【保存】文档区域的【将文件保存为此格式】文本框后的下拉按钮，在弹出的下拉列表中选择【Word模板（*·dotx）】选项，单击【保存】按钮，就完成了更改默认保存方式的操作。

第 **2** 章
Word 2010的基本应用

重点导读 ···································· 本章视频教学时间：59分钟

本章主要介绍Word文档的基本操作，包括文档的新建与保存，文本的输入与编辑，设置文本格式，插入图片、形状、SmartArt图形、图表以及表格的插入和美化等内容，通过本节的学习，读者可以掌握Word 2010的常用操作。

学习效果图

2.1 新建与保存Word文档

本节视频教学时间 / 7分钟

在使用Word 2010处理文档之前，首先需要创建一个新文档。编辑完成的文档还需要将其保存。

2.1.1 新建文档

新建文档的方法包括新建空白文档、使用现有文件创建文档、使用本机上的模板创建文档和使用联机模板创建文档4种方式。

1. 创建空白文档

创建空白文档的具体操作步骤如下。

1 单击【开始】

单击电脑左下角的【开始】按钮，在弹出的下拉列表中选择【所有程序】▶【Microsoft Word 2010】选项。

2 创建空白文档

即可创建一个名为"文档1"的空白文档。

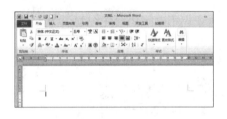

2. 使用本机上的模板创建文档

Word 2010系统中有已经预设好的模板文档，用户在使用的过程中，只需在指定位置填写相关的文字即可。例如，对于需要制作一个毛笔临摹字帖的用户来说，通过Word 2010就可以轻松实现，具体操作步骤如下。

1 新建空白文档

单击【文件】选项卡，在弹出的下拉列表中选择【新建】选项，然后选择【可用模板】区域的【书法字帖】按钮，单击【创建】按钮。

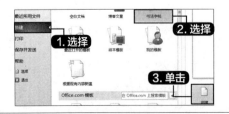

2 添加字符

将会自动新建空白文档，并弹出【增减字符】对话框，在【可用字符】列表中选择需要的字符，单击【添加】按钮，即可将所选字符添加至【已用字符】列表。

3 完成创建

添加完成后单击【关闭】按钮，即可完成
对书法字帖的创建。

提　示　在【增减字符】对话框的【字体】选项组中，单击选中【系统字体】单选项，再单击【系统字体】右侧的下拉按钮，将系统中安装的字体样式添加到书法字帖中。

2.1.2 保存文档

文档的保存和导出是非常重要的，在Office 2010中工作时，文档是以临时文件的形式保存在电脑中，因此意外退出Office 2010，很容易造成工作成果的丢失。只有保存或导出文档后才能确保文档不会丢失。

1. 保存新建文档

保存新建文档的具体操作步骤如下。

1 单击【文件】选项卡

新建并编辑Word文档后，单击【文件】选项卡，在左侧的列表中单击【保存】选项。

2 保存

此时为第一次保存文档，系统会打开【另存为】对话框，选择文件保存的位置。在【文件名】文本框中输入要保存的文档名称，在【保存类型】下拉列表框中选择【Word文档（*.docx）】选项，单击【保存】按钮，即可完成保存文档的操作。

2. 保存已有文档

对已存在文档有3种方法可以保存更新。

（1）单击【文件】选项卡，在左侧的列表中单击【保存】选项。

（2）单击快速访问工具栏中的【保存】图标。

（3）使用【Ctrl+S】组合键可以实现快速保存。

3. 另存文档

如需要将文件另存至其他位置或以其他的名称另存，可以使用【另存为】命令。将文档另存的具体操作步骤如下。

1 另存为

在已修改的文档中单击【文件】选项卡，在左侧的列表中单击【另存为】选项。

2 输入名称完成保存

弹出【另存为】对话框，选择文档所要保存的位置，在【文件名】文本框中输入要另存的名称，单击【保存】按钮，即可完成文档的另存操作。

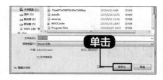

提示 在【保存类型】下拉列表框中可以将文档以其他格式另存。

4. 发布为PDF文档

还可以将文档另存为其他格式。将文档另存为PDF的具体操作如下。

1 单击【创建PDF/XPS】按钮

在打开的文档中，单击【文件】选项卡，在左侧的列表中单击【保存并发送】选项，在中间的【文件类型】区域选择【创建PDF/XPS文档】选项，在右侧单击【创建PDF/XPS】按钮。

2 将Word文档导出为PDF文件

弹出【发布为PDF/XPS】对话框，选择文档所要保存的位置，在【文件名】文本框中输入要保存的文档名称。单击【发布】按钮，即可将Word文档导出为PDF文件。

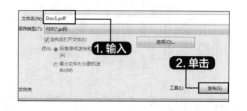

2.2 输入文本内容

本节视频教学时间 / 7分钟

文本的输入功能非常简便，只要会使用键盘打字，就可以在文档的编辑区域输入文本内容。

2.2.1 中文和标点

由于Windows的默认语言是英语，语言栏显示的是美式键盘图标，因此如果不进行中/英文切换就以汉语拼音的形式输入的话，那么在文档中输出的文本就是英文。

新建一个Word文档，首先将英文输入法转变为中文输入法，再进行输入。输入中文具体的转变方法如下。

1 选择输入法

单击任务栏上的美式键盘图标 ，在弹出的快捷菜单中选择中文输入法，如这里选择"搜狗拼音输入法"。

> 中文 · QQ拼音输入法
> 中文（简体）-搜狗拼音输入法

2 完成输入

在Word文档中，用户即可使用拼音拼写，按【Space】或【Enter】键完成输入。

提示 一般情况下，在Windows 7系统下可以按【Ctrl+Shift】组合键切换输入法，也可以按住【Ctrl】键不动，然后使用【Shift】键切换输入；在Windows 8系统下可以按组合键【Win+空格】快速切换输入法。

3 结束段落

在输入的过程中，当文字到达一行的最右端时，输入的文本将自动跳转到下一行。如果在未输入完一行时就要换行输入，则可按【Enter】键来结束一个段落，这样会产生一个段落标记"↵"。如果按【Shift+Enter】组合键来结束一个段落，也会产生一个段落标记"↓"。

> 输入中文
> 标点符号↓

4 输入标点

如果用户需要输入标点，按键盘上的标点键即可将其输入到Word中，如这里输入一个句号"。"，只需要按【。】键即可。

> 输入中文↵
> 标点符号↓
> 输入标点。

提示 虽然此时也达到换行输入的目的，但这样并不会结束这个段落，而只是换行输入而已，实际上前一个段落和后一个段落仍为一个整体，在Word中仍默认它们为一个段落。

一个标点键通常代表两个标点，输入下方的标点时直接按标点键即可，而输入上方的标点时则需要按【Shift+标点键】组合键。

2.2.2　英文和标点

在编辑文档时，经常会用到英文，它的输入方法和中文输入基本相同，本节就介绍如何输入英文和英文标点。

一般情况下，在Windows 7系统中可以按【Ctrl+Shift】组合键切换输入法，也可以按住【Ctrl】键不动，然后使用【Shift】键切换输入；在Windows 8系统下按组合键【Win+空格】可以快速切换输入法，如果语言栏显示的是美式键盘图标 ，用户可以直接输入英文。如果用户使用的是拼音输入法，可按【Shift】键切换到英文输入状态，再按【Shift】键又会恢复成中文输入状态。以"搜狗拼音输入法"为例，下图分别为中文状态条（左）和英文状态条（右）。

在英文输入状态下，即可快速输入英文文本内容，按【Caps Lock】键可切换英文字母输入的大小写，如下图所示。

用户可以单击"中/英文标点"按钮 ^{•,}，来进行中/英文标点切换，也可以使用【Ctrl+.】组合键进行切换，下图为英文状态下的"问号"。英文标点和中文标点的输入方法相同。

2.3 文档的基本操作

本节视频教学时间 / 10分钟

文档的基本操作主要包括选择文本、复制文本、粘贴文本、查找与替换文本、删除文本等内容，是最常用的Word操作。

2.3.1 复制文本

对于需要重复输入的文本，可以使用复制功能，快速粘贴所复制的内容。

1 复制文本

打开本书所附光盘中的"素材\ch02\工作报告.docx"文档，选中第1段文本内容，单击【开始】选项卡下【剪贴板】组中的【复制】按钮 。

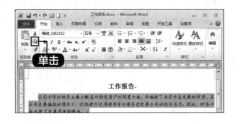

2 粘贴文本

将光标定位在文本内容最后，按组合键【Ctrl+V】粘贴复制的文本。

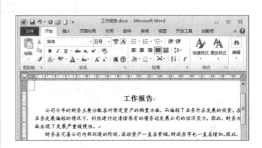

2.3.2 剪切文本

在输入文本内容时，使用剪切功能可以大大缩短工作时间，增大工作效率。

1 剪切文本

打开本书所附光盘中的"素材\ch02\工作报告.docx"文档，选中第1段文本内容，单击【开始】选项卡下【剪贴板】组中的【剪切】按钮 。

2 粘贴文本

将光标定位在文本内容最后，按组合键【Ctrl+V】粘贴剪切的文本。

2.3.3 粘贴文本

Word 2010的粘贴功能分3种类型，即保留源格式、合并格式以及只保留文本。

（1）保留源格式，即保留原来文本中的格式，将复制的文本完全粘贴至目标区域。

（2）合并格式，即将复制的文本应用要粘贴的目标位置处的格式。

（3）只保留文本，即将复制的文本内容完全以文本的形式粘贴至目标位置。

2.3.4 查找与替换文本

查找功能可以帮助读者查找所需内容，用户也可以使用替换功能将查找到的文本或文本格式替换为新的文本或文本格式。

1. 查找

查找功能可以帮助用户定位到目标位置以便快速找到想要的信息，查找分为查找和高级查找。

1 选择【查找】命令

打开本书所附光盘中的"素材\ch02\定位、查找与替换.docx"文档，单击【开始】选项卡下【编辑】组中【查找】按钮右侧的下拉按钮，在弹出的下拉菜单中选择【查找】命令。

2 输入查找内容

在文档的左侧打开【导航】任务窗格，在下方的文本框中输入要查找的内容，这里输入"2014"，此时在文本框的下方提示"6个匹配项"，并且在文档中查找到的内容都会以黄色背景显示。

3 单击【下一条】按钮

单击任务窗格中的【下一条】按钮，定位至第2个匹配项。再次单击【下一条】按钮，即可快速查找到下一条符合的匹配项。

2. 高级查找

使用【高级查找】命令可以打开【查找和替换】对话框来查找内容。

1 选择【高级查找】命令

单击【开始】选项卡下【编辑】组中【查找】按钮  右侧的下拉按钮，在弹出的下拉菜单中选择【高级查找】命令，弹出【查找和替换】对话框。

2 【更多】和【更少】命令功能

单击【更多】按钮可限制更多的条件，单击【更少】按钮可隐藏下方的搜索选项。

3 查找内容

在【查找】选项卡的【查找内容】文本框中输入要查找的内容，单击【查找下一处】按钮，Word即可开始查找。如果查找不到，则弹出提示信息对话框，提示未找到搜索项，单击【确定】按钮返回。如果查找到文本，Word将会定位到文本位置并将查找到的文本背景用灰色显示。

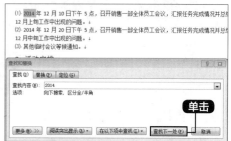

提 示   按【Esc】键或单击【取消】按钮，可以取消正在进行的查找，并关闭【查找和替换】对话框。

3. 替换

替换功能可以帮助用户快捷地更改查找到的文本或批量修改相同的内容。

1 打开文档

在打开的"定位、查找与替换.docx"文档中，单击【开始】选项卡下【编辑】组中的 替换按钮，弹出【查找和替换】对话框。

2 输入内容

在【替换】选项卡的【查找内容】文本框中输入需要被替换的内容（这里输入"一部"），在【替换为】文本框中输入替换后的新内容，这里输入"1部"。

3 开始查找

单击【查找下一处】按钮，定位到从当前光标所在位置起，第一个满足查找条件的文本位置，并以灰色背景显示。

4 替换内容

单击【替换】按钮就可以将查找到的内容替换为新的内容，并跳转至第二个查找内容。

5 全部替换

如果用户需要将文档中所有相同的内容都替换掉，单击【全部替换】按钮，Word就会自动将整个文档内所有查找到的内容替换为新的内容，并弹出相应的提示框显示完成替换的数量。单击【确定】按钮关闭提示框。

2.4 格式化文本

本节视频教学时间 / 10分钟

字体外观的设置，直接影响到文本内容的阅读效果，美观大方的文本样式可以给人以简洁、清新、赏心悦目的阅读感觉。

2.4.1 设置字符格式

在Word 2010中，对文本进行字体、字号和字形的设置是最基本的字体格式设置，具体操作步骤如下。

1 打开文件

打开本书所附光盘中的"素材\ch02\毕业自我鉴定.docx"文件，选中需要设置的文本，单击【开始】选项卡下【字体】选项组右下角的【字体】按钮。

2 字体设置

在弹出的【字体】对话框中，选择【字体】选项卡，单击【中文字体】文本框右侧的▼按钮，在弹出的下拉列表中选择【楷体】选项，在【字形】列表框中选择【加粗】选项，在【字号】列表框中选择【小一】选项。

3 文本字体格式

在【所有文字】选项组中可以对文本的颜色、下划线以及着重号等进行设置。单击【字体颜色】下拉列表框右侧的下拉按钮，在打开的颜色列表中选择【深蓝，文字2，淡色60%】选项，使用同样的方法可以选择下划线类型和着重号。

4 完成设置

完成文本的设置后效果如图所示。

用户也可使用功能区【字体】选项组直接进行设定。

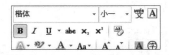

2.4.2 设置段落格式

段落样式是指以段落为单位所进行的格式设置。本节主要来讲解段落的对齐方式、段落的缩进、行间距及段落间距等。

(1) 对齐方式

整齐的排版效果可以使文本更为美观，对齐方式就是段落中文本的排列方式。Word中提供了5种常用的对齐方式，分别为左对齐、右对齐、居中对齐、两端对齐和分散对齐。

我们不仅可以通过工具栏中的【段落】选项组中的对齐方式按钮来设置对齐，还可以通过【段落】对话框来设置对齐。具体操作步骤如下。

单击【开始】选项卡下【段落】选项组右下角的按钮，或单击鼠标右键，在弹出的快捷菜单中选择【段落】菜单项，就会弹出【段落】对话框。在【缩进和间距】选项卡下，单击【常规】组中【对齐方式】右侧的下拉按钮，在弹出的列表中可选择需要的对齐方式。

(2) 设置段落缩进

段落缩进是指段落到左右页边距的距离。根据中文的书写形式，通常情况下，正文中的每个段落都会首行缩进两个字符。段落缩进的具体步骤如下。

1 打开文件

打开本书所附光盘中的"素材\ch02\办公室保密制度.docx"文件，选中要设置缩进的文本，单击【段落】选项组右下角的 按钮。

提示 在【开始】选项卡下【段落】组中单击【减小缩进量】按钮和【增加缩进量】按钮也可以调整缩进。

2 缩进字符

弹出【段落】对话框，单击【特殊格式】下方文本框右侧的下拉按钮，在弹出的列表中选择【首行缩进】选项，在【缩进值】文本框输入"2字符"，单击【确定】按钮。

3 完成缩进

缩进效果如图所示。

(3) 设置段落间距及行距

段落间距是指文档中段落与段落之间的距离，行距是指行与行之间的距离。

1 打开文件

在打开的文件"素材\ch02\办公室保密制度.docx"中选择文本。单击【段落】选项组右下角的 按钮。

2 设置行间距

在弹出的【段落】对话框中，选择【缩进和间距】选项卡。在【间距】组中分别设置段前和段后为"0.5行"，在【行距】下拉列表中选择【1.5倍行距】选项。单击【确定】按钮即可。

2.4.3 使用格式刷

可以使用格式刷迅速地匹配格式，例如以下的文本内容，如果想要让第二段文字的格式和第一段的一样，这时候就可以使用格式刷工具。下面介绍一下利用格式刷匹配目标格式的步骤。

1 选择【格式刷】按钮

选择第一段文字，单击【开始】选项卡下【剪贴板】选项组中的【格式刷】按钮 格式刷 。

2 匹配目标格式

选择要匹配的第二段文字。这样就能将第二段文字的格式修改成和第一段的格式一样，如下图所示。

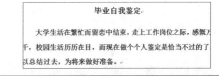

提示　如果要匹配的文本格式较多且不连续，这时可以双击【格式刷】按钮，然后选择要格式化的文本内容即可。

2.5 使用插入

本节视频教学时间 / 8分钟

在文档中插入一些图片可以使文档更加生动形象，插入的图片可以是一个剪贴画、一张照片或一幅图画。

2.5.1 插入图片

在Word中可以插入保存在计算机硬盘中的图片，具体操作步骤如下。

1 确定图片插入位置

打开本书所附光盘中的"素材\ch02\公司宣传. docx"文件，将光标定位于需要插入图片的位置。

完全自学手册系列	实战从入门到精通系列
Office 2010 中文版完全自学手册	Office 2003 办公应用实战从入门到精通
AutoCAD 2004 中文版完全自学手册	跟我学电脑实战从入门到精通
3ds MAX 7 中文版完全自学手册	Windows 8 实战从入门到精通

2 单击【图片】按钮

单击【插入】选项卡下【插图】选项组中的【图片】按钮。

3 插入图片

在弹出的【插入图片】对话框中选择需要插入的图片，单击【插入】按钮，即可插入该图片。

4 完成插入

此时就在文档中光标所在的位置插入了所选择的图片。

完全自学手册系列	实战从入门到精通系列
Office 2010 中文版完全自学手册	Office 2003 办公应用实战从入门到精通
AutoCAD 2004 中文版完全自学手册	跟我学电脑实战从入门到精通
3ds MAX 7 中文版完全自学手册	Windows 8 实战从入门到精通

2.5.2 插入形状

Word 2010提供了线条、矩形、基本形状、箭头总汇、公式形状、流程图、星与旗帜和标注等不同的形状，以满足不同用户的需求。

绘制图形

在文档中绘制基本图形的方法如下。

1 选择插图形状

新建一个文档，移动鼠标指针到需要绘制图形的位置，然后单击【插入】选项卡【插图】组中的【形状】按钮，在弹出的下拉列表中选择【基本形状】中的【笑脸】形状。

2 完成形状绘制

在Word文档的编辑区域，单击一点指定为形状的起点，按下鼠标左键并拖曳鼠标，至合适大小后释放鼠标左键，即可完成笑脸形状的绘制。

2.5.3 插入SmartArt图形

在Word 2010中提供了非常丰富的SmartArt图形类型。在文档中插入SmartArt图形的具体操作步骤如下。

1 选择【SmartArt】按钮

新建文档，将光标移动到需要插入图形的位置，然后单击【插入】选项卡的【插图】组中的【SmartArt】按钮。

2 选择【流程箭头】选项

弹出【选择SmartArt图形】对话框，选择【流程】选项卡，然后选择【流程箭头】选项。

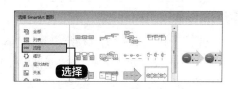

3 将图形插入文档

单击【确定】按钮，即可将图形插入到文档中。

4 完成编辑

在SmartArt图形的【文本】处单击，输入相应的文字。输入完成后，单击SmartArt图形以外的任意位置，完成SmartArt图形的编辑。

2.5.4 插入图表

Word 2010为用户提供了大量预设的图表，从而可以快速地创建用户所需的图表。

1 打开文档

打开本书所附光盘中的"素材\ch02\创建图表.docx"文档，将光标定位于插入图表的位置，单击【插入】选项卡下【插图】组中的【图表】按钮 。

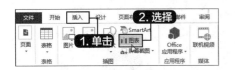

2 选择图表样式

弹出【插入图表】对话框，在左侧的【图表类型】列表框中选择【柱形图】列表项，在右侧选择图表样式。

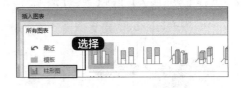

3 显示示例数据

单击【确定】按钮，系统随即弹出标题为【Microsoft Word中的图表】的Excel 2010窗口，表中显示的是示例数据。

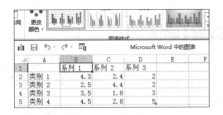

4 删除数据

在Excel表中删除全部示例数据，将Word文档表格中的数据全部复制并粘贴至Excel表中的蓝色方框内，拖动蓝色方框的右下角，使之和数据范围一致。

5 完成创建

Word 2010将按照数据区域的内容调整图表，最后单击Excel的【关闭】按钮返回Word中可查看创建的图表。

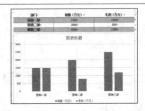

2.6 插入表格

本节视频教学时间 / 8分钟

表格由多个行或列的单元格组成，用户可以在单元格中添加文字或图片。表格可以使文本结构化、数据清晰化。因此，在编辑文档的过程中，可以使用表格来记录、计算与分析数据。

2.6.1 创建表格

在Word中创建表格的方法有多种，下面介绍常用的使用Word 2010创建表格的方法。

1. 快速插入10列8行以内的表格

在Word 2010的【表格】下拉列表中可以快速创建10列8行以内的表格，具体操作步骤如下。

1 打开文档

新建Word文档，单击【插入】选项卡下【表格】选项组中的【表格】按钮▦，在弹出的下拉列表中选择下方的网格显示框。

2 插入表格

将鼠标光标指向网格，向右下方拖曳鼠标，鼠标光标所掠过的单元格就会被全部选中并高亮显示。在网格顶部的提示栏中会显示被选中的表格的行数和列数，同时在鼠标光标所在区域也可以预览到所要插入的表格，单击即可确定所要插入的表格。

2. 通过对话框插入表格

使用【插入表格】对话框创建表格，这种方法不受行数和列数的限制，并且可以对表格的宽度进行调整。

1 选择【插入表格】选项

单击【插入】选项卡下【表格】选项组中的【表格】按钮▦，在其下拉菜单中选择【插入表格】选项。

2 设置行列数

弹出【插入表格】对话框，在【表格尺寸】组中设置【列数】为"3"、【行数】为"4"，其他为默认，然后单击【确定】按钮。

3 完成插入

即可在文档中插入一个4行3列的表格。

2.6.2 调整表格结构

在Word中插入表格后，还可以对表格进行编辑，如添加、删除行和列、合并与拆分表格、设置表格的对齐方式及设置行高和列宽等。

1. 添加、删除行和列

使用表格时，经常会出现行数、列数或单元格不够用或多余的情况，Word 2010提供了多种添加或删除行、列及单元格的方法。

(1) 插入行或列

下面介绍如何在表格中插入整行或整列。

方法一：指定插入行或列的位置，然后单击【布局】选项卡下【行和列】选项组中的相应插入方式按钮即可。

各种插入方式的含义如表所示。

在上方插入：在选中单元格所在行的上方插入一行表格。

在下方插入：在选中单元格所在行的下方插入一行表格。

在左侧插入：在选中单元格所在列的左侧插入一列表格。

在右侧插入：在选中单元格所在列的右侧插入一列表格。

方法二：指定插入行或列的位置，直接在插入的单元格中单击鼠标右键，在弹出的快捷菜单中选择【插入】菜单项，在其子菜单中选择插入方式即可。其插入方式与【表格工具】▶【布局】选项卡中的各插入方式一样。

(2) 删除行或列

删除行或列有以下两种方法。

方法一：选择需要删除的行或列，按【Backspace】键，即可删除选定的行或列。在使用该方法时，应选中整行或整列，然后按【Backspace】键方可删除，否则会弹出【删除单元格】对话框，提示删除哪些单元格。

方法二：选择需要删除的行或列，单击【布局】选项卡下【行和列】选项组中的【删除】按钮，在弹出的下拉菜单中选择【删除行】或【删除列】选项即可。

2. 设置行高和列宽

在Word中不同的行可以有不同的高度，但一行中的所有单元格必须具有相同的高度。一般情况下，向表格中输入文本时，Word 2010会自动调整行高以适应输入的内容。如果觉得列宽或行高太大或者太小，也可以手动进行调整。

提 示　设置行高和列宽的方法类似，本节以调整列宽为例进行介绍。

(1) 利用鼠标光标调整表格的列宽

拖曳鼠标手动调整表格的方法比较直观，但不够精确。

1 打开文件

打开本书所附光盘中的"素材\ch02\表格操作.docx"文件，将鼠标光标移动到要调整的表格的列线上，鼠标光标会变为 ┿ 形状，按住鼠标左键向左或向右拖曳，此时会显示一条虚线来指示新的列宽。

产品销量表		
序号	产品	销量/吨
1	白菜	21307
2	海带	15940
3	冬瓜	17979

2 调整列宽

移动鼠标到合适的位置，然后释放鼠标左键即可完成列宽的调整。

产品销量表		
序号	产品	销量/吨
1	白菜	21307
2	海带	15940
3	冬瓜	17979
4	西红柿	25351
5	南瓜	17491
6	黄瓜	18852
7	玉米	21586
8	红豆	15263

(2) 使用命令调整表格的列宽

使用【表格属性】对话框可以精确地调整表格的列宽。

1 选择单元格

选择所有单元格。

产品销量表		
序号	产品	销量/吨
1	白菜	21307
2	海带	15940
3	冬瓜	17979
4	西红柿	25351
5	南瓜	17491
6	黄瓜	18852
7	玉米	21586
8	红豆	15263

2 设置大小

在【布局】选项卡【单元格大小】选项组中的【高度】和【宽度】微调框中设置单元格的大小。

3 完成设置

即可完成对表格列宽和行高的设置。

1	白菜	21307
2	海带	15940
3	冬瓜	17979
4	西红柿	25351
5	南瓜	17491

(3) 自动调整行高和列宽

如果表格中需要输入内容的多少差距较大，可以使用自动调整行号和列宽的方法调整表格，单击【布局】选项卡下【单元格大小】选项组中的【自动调整】按钮，在弹出的下拉列表中选择【根据内容自动调整表格】选项即可。

2.7 实战演练——制作公司宣传页

本节视频教学时间 / 7分钟

通过本章的学习，制作一份精美的公司宣传页。

1 单击【段落设置】按钮

打开本书所附光盘中的"素材\ch02\公司宣传页.docx"文档，选中全部文本内容，设置其字体为"方正楷体简体"，字体颜色为"红色"，单击【开始】选项卡下【段落】组中的【段落设置】按钮 。

2 设置段落格式

弹出【段落】对话框，在【缩进和间距】选项卡下，设置其【首行缩进】为"2字符"，设置其【段前】和【段后】间距分别为"0.5行"，单击【确定】按钮。

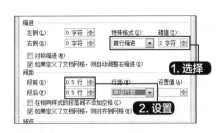

3 插入艺术字

将光标定位在第1行空白行，单击【插入】选项卡下【文本】组中的【艺术字】按钮 ，在弹出的下拉列表中选择一种艺术字样式。

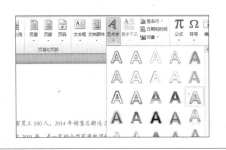

4 完成插入

在艺术字文本框中输入"龙马电器销售公司"文本字样，选中艺术字，单击【绘图工具】▶【格式】选项卡下【艺术字样式】组中的【文本效果】按钮，在弹出的下拉列表中选择【转换】▶【上弯弧】文本效果，并移动至合适位置。

5 选择【填充效果】选项

单击【页面布局】选项卡下【页面背景】组中的【页面颜色】按钮，在弹出的下拉列表中选择【填充效果】选项。

6 完成填充

弹出【填充效果】对话框，在【纹理】选项卡下选择【羊皮纸】纹理，单击【确定】按钮。

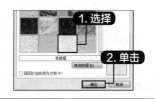

7 插入图片

设置后的页面背景如图所示，单击【插入】选项卡下【插图】组中的【图片】按钮，弹出【插入图片】对话框，选择"插图.gif"文件，单击【插入】按钮。

8 设置图片位置

即可将图片插入文档中，设置其位置为"顶端居左，四周型环绕"。

9 插入位置

单击文本中要插入表格的位置，如下图所示。

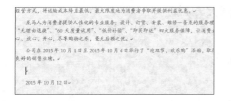

10 插入表格

单击【插入】选项卡下【表格】选项组中的【表格】按钮，插入一个4行5列的表格。

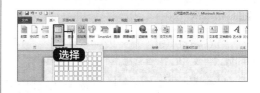

11 输入数据

输入各个分店的销售业绩，内容如下图所示。

良好的销售业绩。	2015-10-01	2015-10-02	2015-10-03	2015-10-04
花园路分店	20 万	18 万	19 万	12 万
农科路分店	16 万	18 万	10 万	10 万

12 选择【表格样式】

选定表格，单击【设计】选项卡下【表格样式】选项组中的【其他】按钮，选择【浅色网格 — 强调文字颜色2】，效果如下图所示。

	2015-10-01	2015-10-02	2015-10-03	2015-10-04
花园路分店	20 万	18 万	19 万	12 万
农科路分店	16 万	18 万	10 万	10 万

13 完成设置

将光标放在文字最后的日期所在行，如下图所示。

15 插入插图

单击【插入】选项卡下【插图】选项组中的【形状】按钮，选择"笑脸"形状。

14 段落对齐

单击【开始】选项卡下【段落】选项组中的【右对齐】按钮，即可将文字调整到文章的右侧，效果如下所示。

16 设置插图效果

设置"笑脸"形状的【形状填充】和【形状效果】，最终效果如图所示。

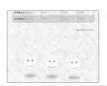

高手私房菜

技巧：跨页表格自动添加表头

如果表格的内容较多，会自动在下一个Word页面显示表格内容，但是表头却不会在下一页显示，可以通过设置，当表格跨页时，自动在下一页添加表头，具体操作步骤如下。

1 添加表头

打开本书所附光盘中的"素材\ch02\技巧.docx"文件，选择第1行，并单击鼠标右键，在弹出的快捷菜单中选择【表格属性】选项。弹出【表格属性】对话框。选择【行】选项卡，在【第1行】栏下单击选中【在各页顶端以标题行形式重复出现】复选框。单击【确定】按钮。

2 完成添加

返回至Word文档中，即可看到每一页的表格前均添加了表头。

第 **3** 章
长文档排版应用

Word具有强大的文字排版功能，非常合适对长文档进行处理。本章需要读者掌握的常用操作有设置页面属性，设置特殊版式，页面背景以及使用项目符号和编号，添加页眉、页脚和页码，查看与编辑大纲，创建目录等。

学习效果图

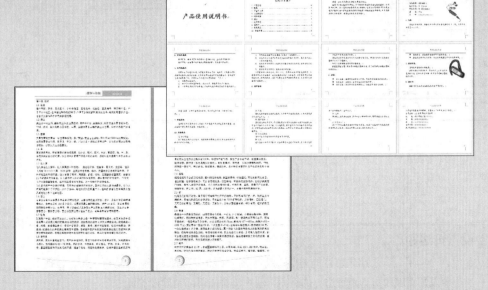

3.1 设置页面属性

本节视频教学时间 / 5分钟

页面设置是指对文档页面布局的设置，主要包括设置文字方向、页边距、纸张大小、分栏等。Word 2010有默认的页面设置，但默认的页面设置并不一定适合所有用户，用户可以根据需要对页面进行设置。

3.1.1 设置纸张方向和大小

纸张的大小和纸张方向，也影响着文档的打印效果，因此设置合适的纸张在Word文档制作过程中也是非常重要的。设置纸张包括设置纸张的方向和大小，具体操作步骤如下。

1 调整页面布局

单击【页面布局】选项卡下【页面设置】组中的【纸张方向】按钮，在弹出的下拉列表中可以设置纸张方向为"横向"或"纵向"，如单击【横向】选项。

提示 也可以在【页面设置】对话框中的【页边距】选项卡中，在【纸张方向】区域设置纸张的方向。

2 调整纸张大小

单击【页面布局】选项卡【页面设置】选项组中的【纸张大小】按钮，在弹出的下拉列表中可以选择纸张大小，如单击【A4】选项。

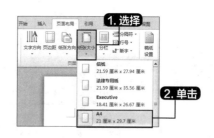

提示

在【页面设置】对话框中的【纸张】选项卡下可以精确设置纸张大小和纸张来源等内容。

3.1.2 设置页边距

页边距有两个作用，一是出于装订的需要；二是形成更加美观的文档。设置页边距，包括上、下、左、右边距以及页眉和页脚距页边界的距离，使用该功能可以精确设置页边距。

1 选择页边距样式

在【页面布局】选项卡下【页面设置】选项组中单击【页边距】按钮，在弹出的下拉列表中选择一种页边距样式并单击，即可快速设置页边距。

2 自定义页边距

除此之外，还可以自定义页边距。单击【页面布局】选项卡下【页面设置】组中的【页边距】按钮，在弹出的下拉列表中单击选择【自定义边距】选项。

3 设置页边距

弹出【页面设置】对话框，在【页边距】选项卡下【页边距】区域可以自定义设置【上】、【下】、【左】、【右】页边距。如将【上】、【下】、【左】、【右】页边距均设为"1厘米"，在【预览】区域可以查看设置后的效果。单击【确定】按钮。

4 显示效果

设置页面后的效果如下图所示。

> **提示**
>
> 如果页边距的设置超出了打印机默认的范围，将出现【Microsoft Word】提示框，提示"有一处或多处页边距设在了页面的可打印区域之外，选择'调整'按钮可适当增加页边距。"，单击【调整】按钮自动调整，当然也可以忽略后手动调整。页边距太窄会影响文档的装订，而太宽不仅影响美观，还浪费纸张。一般情况下，如果使用A4纸，可以采用Word提供的默认值，具体设置可根据用户的要求设定。

3.2 设置特殊版式

本节视频教学时间 / 6分钟

特殊的版式可以使文档美观，更能突出显示文字效果，本节介绍的设置特殊的版式包括设置竖排文字、首字下沉、文档分栏。

3.2.1 设置首字下沉

首字下沉是将文档中段首的第一个字符放大数倍，并以下沉的方式显示，以改变文档的版面样式。设置首字下沉效果的具体操作步骤如下。

1 **选择【首字下沉选项】选项**

打开随书光盘中的"素材\ch03\秘书职责书.docx"文档，将鼠标光标定位到任意段落的任意位置，单击【插入】选项卡下【文本】选项组中的【首字下沉】按钮，在弹出的下拉列表中选择【首字下沉选项】选项。

提示 在将鼠标放置在任意文本前列，在下拉列表中选择【下沉】选项，可直接显示下沉效果。

2 **设置首字下沉**

弹出【首字下沉】对话框，在【位置】区域选择【下沉】按钮，设置首字的【字体】为"隶书"，在【下沉行数】微调框中设置【下沉行数】为"4"，在【距正文】微调框中设置首字与段落正文之间的距离为"0.5厘米"，单击【确定】按钮。

3 **显示效果**

即可在文档中显示调整后的首字下沉效果。

3.2.2 设置文档分栏

利用Word的分栏排版功能，可以在文档中建立不同数量或不同版式的栏。使用分栏排版功能，将版面分成多栏，这样不仅便于文本的阅读，而且版面会显得更生动活泼。在分栏的外观设置上Word具有很大的灵活性，可以控制栏数、栏宽以及栏间距，还可以很方便地设置分栏长度。

1. 创建分栏版式

设置分栏，就是将某一页、某一部分的文档或者整篇文档分成具有相同栏宽或者不同栏宽的多个分栏。下面通过一个实例来讲解一下如何对整篇文档进行等宽分栏。具体的操作步骤如下。

1 **选择分栏**

打开随书光盘中的"素材\ch03\员工规章制度.docx"文档，在页面视图模式下，单击【页面布局】选项卡下【页面设置】组中的【分栏】按钮，在弹出的下拉列表中可以选择预设好的【一栏】、【两栏】、【三栏】、【偏左】和【偏右】等选项，这里选择【更多分栏】选项。

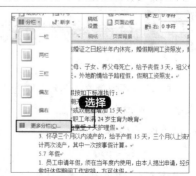

2 弹出对话框

弹出【分栏】对话框。

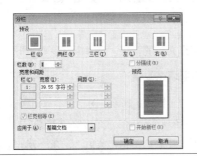

3 设置分栏

在【预设】选项组中选择【两栏】选项，再选中【栏宽相等】和【分隔线】两个复选项，其他各选项使用默认设置即可。

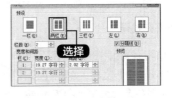

> **提示** 要设置不等宽的分栏版式时，应先撤选【分栏】对话框中的【栏宽相等】复选项，然后在【宽度和间距】选项组中逐栏输入栏宽和间距即可。

4 完成分栏

单击【确定】按钮即可将整篇文档分为两栏。

> **提示** 如果先选择分栏的内容，再执行分栏操作，即可仅将选择的内容分栏。

3.3 页面背景

本节视频教学时间 / 5分钟

在Word 2010中可以通过添加水印来突出文档的重要性或原创性，还可以通过设置页面颜色以及添加页面边框来设置文档的背景，使文档更加美观。

3.3.1 设置纯色背景

在Word 2010中可以改变整个页面的背景颜色，或者对整个页面进行渐变、纹理、图案和图片的填充等。本节介绍最简单的使用纯色背景填充文档，具体操作步骤如下。

1 选择背景颜色

打开随书光盘中的"素材\ch03\办公室保密制度.docx"文档，单击【页面布局】选项卡下【页面背景】选项组中的【页面颜色】按钮 ，在下拉列表中选择背景颜色，如这里选择"蓝色"。

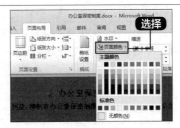

2 填充

此时将页面颜色填充为蓝色。

3.3.2 设置填充背景

除了使用纯色填充以外，我们还可使用填充效果来填充文档的背景，具体操作步骤如下。

1 选择填充效果

打开随书光盘中的"素材\ch03\办公室保密制度.docx"文档，单击【设计】选项卡下【页面背景】选项组中的【页面颜色】按钮 ，在弹出的下拉列表中选择【填充效果】选项。

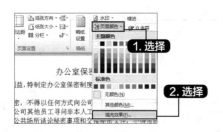

> **提示** 在【填充效果】对话框中还可以设置背景填充为纹理填充、图案填充或者是图片填充。

2 设置填充效果

弹出【填充效果】对话框，单击选中【双色】单选项，分别设置右侧的【颜色1】和【颜色2】为"蓝色"和"黄色"，在下方的【底纹样式】组中，单击选中【角部辐射】单选项，然后单击【确定】按钮。

3 完成设置

设置的填充效果如图所示。

3.3.3 设置页面边框

设置页面边框可以为打印出的文档增加美观的效果。特别是要设置一篇精美的文档时，添加页面边框是一个很好的办法。

添加页面边框的具体步骤如下。

1 选择【边框和底纹】按钮

打开随书光盘中的"素材\ch03\秘书职责书.docx"文档，单击【开始】选项卡下的【段落】组中的【边框和底纹】按钮 。

2 弹出对话框

弹出【边框和底纹】对话框。

3 选择页面边框样式

选择【页面边框】选项卡，在【设置】选项组中选择边框的类型，在【样式】列表框中选择边框的线型，在【应用于】下拉列表框中选择【整篇文档】选项。

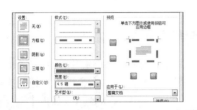

4 修改页面显示比例

单击【确定】按钮完成设置。为了方便查看页面边框的效果，可以在页面视图下修改页面的显示比例，本例中将显示比例改为50%。

3.4 使用项目符号和编号

本节视频教学时间 / 6分钟

添加项目符号和编号可以美化文档，精美的项目符号、统一的编号样式可以使单调的文本内容变得更生动、专业。

3.4.1 使用项目符号

项目符号就是在一些段落的前面加上完全相同的符号。下面介绍如何在文档中添加项目符号，具体的操作步骤如下。

1 选择文本

打开随书光盘中的"素材\ch03\秘书职责书.docx"文档，选中要添加项目符号的文本内容。

2 选择项目符号样式

单击【开始】选项卡下【段落】组中的【项目符号】按钮 ⋮☰ 右侧的下拉箭头，在弹出的下拉列表中选择项目符号的样式。如这里选择【菱形】，此时就在文档中添加了菱形的项目符号。

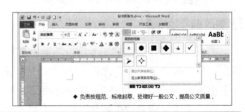

3 显示效果

最终效果如图所示。

提示 用户还可以使用快捷菜单打开【项目符号】下拉列表。具体方法是：选中要添加项目符号的文本内容，单击鼠标右键，然后在弹出的快捷菜单中选择【项目符号】命令即可。

3.4.2 使用文档编号

编号是按照大小顺序为文档中的行或段落添加编号。下面介绍如何在文档中添加编号，具体的操作步骤如下。

1 添加文档编号

打开随书光盘中的"素材\ch03\秘书职责书.docx"文档，选中要添加项目编号的文本内容，单击【开始】选项卡下【段落】组中【编号】按钮右侧的下拉箭头，在弹出的下拉列表中选择编号的样式，此时就在文档中添加了编号。

2 选择编号样式

选中文本内容，再次单击【编号】按钮右侧的下拉箭头，在弹出的下拉列表中选择【定义新编号格式】选项，弹出【定义新编号格式】对话框。在【编号样式】下拉列表框中选择编号的样式（这里选择【001，002，003，…】样式），在【对齐方式】下拉列表框中选择对齐方式，单击【确定】按钮。

3 完成插入

此时便可插入所选的编号样式。

提示 用户还可以使用快捷菜单打开【编号】下拉列表。具体方法是：选中要添加项目符号的文本内容，右击，然后在弹出的快捷菜单中选择【编号】命令即可。

更改编号起始值的具体操作步骤如下。

1 更改编号起始值

将光标放置在已添加编号的段落前，如定位在"负责按规范……"之前，然后单击【编号】按钮右侧的下拉箭头，在弹出的下拉列表中选择【设置编号值】选项，弹出【起始编号】对话框，在【值设置为】微调框中可以输入起始值，这里输入"002"。

2 完成设置

单击【确定】按钮，可以看到编号将会以"002"开始进行编号。

3.5 设置页眉和页脚

本节视频教学时间 / 6分钟

Word 2010提供了丰富的页眉和页脚模板，使用户插入页眉和页脚变得更为快捷。

3.5.1 使用内置样式创建页眉页脚

在页眉和页脚中可以输入创建文档的基本信息，例如在页眉中输入文档名称、章节标题或者作者名称等信息，在页脚中输入文档的创建时间、页码等，这样不仅能使文档更美观，还能向读者快速传递文档要表达的信息。在Word 2010中插入页眉和页脚的具体操作步骤如下。

1. 插入页眉

插入页眉的具体操作步骤如下。

1 打开文件

打开随书光盘中的"素材\ch03\植物与动物.docx"文件，单击【插入】选项卡下【页眉和页脚】组中的【页眉】按钮 页眉，弹出【页眉】下拉列表。

2 选择需要的页眉

选择需要的页眉，如选择【边线型】选项，Word 2010会在文档每一页的顶部插入页眉，并显示【键入文档标题】文本域。

3 输入页眉和文档标题

在页眉的文本域中输入文档的标题和页眉，单击【设计】选项卡下【关闭】选项组中的【关闭页眉和页脚】按钮。

4 完成操作

插入页眉的效果如下图所示。

2. 插入页脚

插入页脚的具体操作步骤如下。

1 选择【边线型】选项

在【设计】选项卡中单击【页眉和页脚】组中的【页脚】按钮 页脚▼，弹出【页脚】下拉列表，这里选择【边线型】选项。

2 编辑页脚

文档自动跳转至页脚编辑状态，输入页脚内容。

3 显示效果

单击【设计】选项卡下【关闭】选项组中的【关闭页眉和页脚】按钮，即可看到插入页脚的效果。

3.5.2 设置个性化的页眉页脚样式

可以为文档的奇偶页创建不同的页眉和页脚，具体操作步骤如下。

1 选择页眉样式

打开随书光盘中的"素材\ch03\植物与动物.docx"文件，单击【插入】选项卡【页眉和页脚】组中的【页眉】按钮 页眉▼，在弹出的【页眉】下拉列表中选择一种页眉样式。

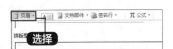

2 输入页眉内容

即可在文档中插入页眉，在页眉的文本域中输入相关的信息。

3 设计页眉奇偶页

此时奇偶页的页眉是相同的，单击选中【设计】选项卡下【选项】选项组中的【奇偶页不同】复选框。选择文档的第2页，即可看到页眉位置显示"偶数页页眉"字样，并且页眉位置的页眉信息也已经被清除。

4 选择页眉样式

将鼠标光标定位至任意一个偶数页的页眉中，单击【设计】选项卡下【页眉和页脚】选项组中的【页眉】按钮，在弹出的下拉列表中选择一种页眉样式。

5 完成偶数页页眉设置

即可为偶数页插入页眉，输入相关信息，完成偶数页页眉的设置。

7 选择奇数页页脚

选择第1页的页眉，单击【设计】选项卡下【导航】选项组中的【转至页脚】按钮 ，切换至奇数页的页脚位置。

9 设置偶数页页脚

选择第2页的页脚，单击【设计】选项卡下【页眉和页脚】选项组中的【页脚】按钮，在弹出的下拉列表中选择一种页脚样式并根据需要输入页脚信息。完成偶数页页脚的设置。

6 完成设置

至此，就完成了奇偶页不同页眉的设置。

8 设置奇数页页脚

单击【设计】选项卡下【页眉和页脚】选项组中的【页脚】按钮，在弹出的下拉列表中选择一种页脚样式并根据需要输入页脚信息。完成奇数页页脚的设置。

10 完成设置

单击【关闭页眉和页脚】按钮，就为奇偶页创建了不同的页眉和页脚。

3.6 插入页码

本节视频教学时间 / 4分钟

在文档中插入页码，可以更方便地查找文档。

3.6.1 页码的插入

插入页码时，一般情况下从首页开始插入，并且首页的页码为 "1"。从首页开始插入页码的具体操作步骤如下。

1 页面底端插入页码

打开随书光盘中的"素材\ch03\植物与动物.docx"，将鼠标光标定位至第1页，单击【插入】选项卡【页眉和页脚】组中的【页码】按钮，在弹出的下拉列表中选择【页面底端】▶【普通数字2】选项。

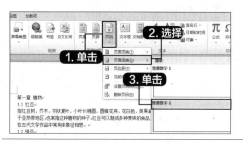

2 完成插入

即可在页面的底端插入页码。

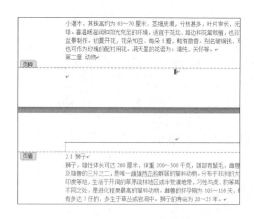

3 更改页码的字体样式

选择插入的页码，还可以在【开始】选项卡下的【字体】选项组中更改页码的字体样式，更改完成，单击【设计】选项卡下【关闭】选项组中的【关闭页眉和页脚】按钮，完成页码插入。

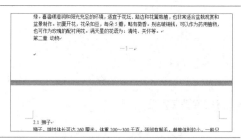

提示　如果需要首页不显示页码，可以在【设计】选项卡下【选项】选项组中单击选中【首页不同】复选框，即可取消首页页码显示。

3.6.2 设置页码格式

Word 2010内置了默认的页码格式，在插入页码之前，用户可以根据需要首先设置页码格式，设置页码格式的具体操作步骤如下。

1 选择【设置页码格式】选项

打开随书光盘中的"素材\ch07\植物与动物.docx"文件，单击【插入】选项卡下【页眉和页脚】组中的【页码】按钮，在弹出的下拉列表中选择【设置页码格式】选项。

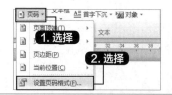

2 选择编号格式

弹出【页码格式】对话框，单击【编号格式】文本框后的下拉按钮，在弹出的下拉列表中选择一种编号格式。在【页码编号】组中单击选中【续前节】单选项，单击【确定】按钮即可。

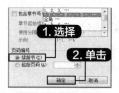

3.7 查看与编辑大纲

本节视频教学时间 / 4分钟

在Word 2010中设置段落的大纲级别是提取文档目录的前提，此外，设置段落的大纲级别不仅能够通过【导航】窗格快速地定位文档，还可以根据大纲级别展开和折叠文档内容。设置段落的大纲级别通常用两种方法。

1. 在【引用】选项卡下设置

在【引用】选项卡下设置大纲级别的具体操作步骤如下。

1 添加文字

在打开的"素材\ch03\教学教案.docx"文件中，选择"【教学目标及重点】"文本。单击【引用】选项卡下【目录】选项组中的【添加文字】按钮右侧的下拉按钮 添加文字 ▼，在弹出的下拉列表中选择【1级】选项。

2 设置大纲级别后的文本

在【视图】选项卡下的【显示】选项组中单击选中【导航窗格】复选框，在打开的【导航】窗格中即可看到设置大纲级别后的文本。

2. 使用【段落】对话框设置

使用【段落】对话框设置大纲级别的具体操作步骤如下。

1 选择【段落】菜单命令

在打开的"素材\ch03\教学教案.docx"文件中选择"【教学思路】"文本并单击鼠标右键，在弹出的快捷菜单中选择【段落】选项。

2 设置大纲级别

打开【段落】对话框，在【缩进和间距】选项卡下的【常规】组中单击【大纲级别】文本框后的下拉按钮，在弹出的下拉列表中选择【1级】选项，单击【确定】按钮。

3 导入文本并设置大纲级别

选择"一、导入新课"文本，并单击鼠标右键，选择【段落】菜单命令，在打开的【段落】对话框中设置【大纲级别】为"2级"，单击【确定】按钮。

4 设置其他标题

使用同样的方法，设置其他标题的段落级别，即可在【导航】窗格中看到设置大纲级别后的效果。

3.8 创建目录

本节视频教学时间 / 5分钟

对于长文档来说，查看文档中的内容时，不容易找到需要的文本内容，这时就需要为文档创建一个目录，以方便查找需要的文本内容。通过添加索引，可以列出关键字和这些关键字出现的页码。

3.8.1 创建目录

插入文档的页码并为目录段落设置大纲级别是提取目录的前提条件。

1. 提取目录

提取目录的具体操作步骤如下。

1 插入空白页

打开随书光盘中的"素材\ch03\教学案例1.docx"文档，并在文档中插入页码，将鼠标光标定位至文档最前的位置，单击【插入】选项卡下【页面】选项组中的【空白页】按钮。

2 输入文本

添加一个空白页，在空白页中输入"目录"文本，并根据需要设置字体样式。

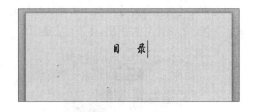

3 选择【插入目录】选项

单击【引用】选项卡下【目录】组中的【目录】按钮 🗔，在弹出的下拉列表中选择【插入目录】选项。

5 完成建立

此时就会在指定的位置建立目录。

4 设置目录

弹出【目录】对话框，在【格式】下拉列表中选择【正式】选项，在【显示级别】微调框中输入或者选择显示级别为"2"，在预览区域可以看到设置后的效果，各选项设置完成后单击【确定】按钮。

6 跳转到文档相应标题

将鼠标指针移动到目录中要查看的内容上，按【Ctrl】键，鼠标指针就会变为 🖑 形状，单击鼠标即可跳转到文档中的相应标题处。

3.8.2 更新目录

提取目录后，如果文档的页码或者标题位置发生改变，目录中的页码和标题不会随之自动更新，这时就需要更新目录。更新目录的具体操作步骤如下。

1 选择【更新目录】按钮

选择要更新的目录，单击【引用】选项卡下【目录】选项组中的【更新目录】按钮 🗔更新目录。

2 完成操作

弹出【更新目录】对话框，单击选中【更新整个目录】单选项，单击【确定】按钮即可完成目录的更新操作。

3.9 实战演练——设计产品说明书

本节视频教学时间 / 14分钟

产品说明书主要是指关于那些日常生产、生活产品的说明书。它主要是对某一产品的所有情况的介绍或者某产品的使用方法的介绍，诸如介绍其组成材料、性能、存贮方式、注意事项、主要用途等。产品说明书是一种常见的说明文，是生产厂家向消费者全面、明确地介绍产品名称、用途、性质、性能、原理、构造、规格、使用方法、保养维护、注意事项等内容而写的准确、简明的文字材料。

第1步：设置页面大小

1 打开文档

打开随书光盘中的"素材\ch03\产品功能说明书.docx"文档。

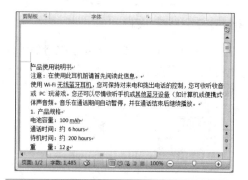

2 设置页面布局

单击【页面布局】选项卡的【页面设置】组中的【页面设置】按钮，弹出【页面设置】对话框。在【页边距】选项卡下设置【上】和【下】边距为"1.3厘米"，设置【左】和【右】为"1.4厘米"，设置【纸张方向】为"横向"。

3 设置纸张大小

在【纸张】选项卡下【纸张大小】下拉列表中选择【自定义大小】选项，并设置宽度为"14.8厘米"、高度为"10.5厘米"。

4 设置页眉和页脚边距距离

在【版式】选项卡下的【页眉和页脚】区域中单击选中【首页不同】选项，并设置页眉和页脚至页边距的距离均为"1厘米"。

5 完成设置

单击【确定】按钮，完成页面的设置。

第2步：设置标题样式

▌1 选择标题样式

选择第1行的标题行，单击【开始】选项卡下【样式】组中的【其他】标题按钮 ▼，在弹出的【样式】下拉列表中选择【标题】样式。

▌2 设置字体样式

根据需要设置其字体样式，效果如下图所示。

▌3 新建样式

将鼠标光标定位在"1.产品规格"段落内，单击【开始】选项卡的【样式】组右下角的 按钮，在弹出的【样式】窗格中单击【新建样式】按钮。

▌4 输入样式名称

弹出【根据格式设置创建新样式】对话框，在【名称】文本框中输入样式名称。

▌5 设置样式基准

在【样式基准】下拉列表中选择【无样式】选项，设置【字体】为"方正楷体简体"，【字号】为"五号"，单击左下角的【格式】按钮，在弹出的下拉列表中选择【段落】选项。

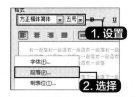

▌6 设置段落样式

弹出【段落】对话框，在【常规】组中设置【大纲级别】为"1级"，在【间距】区域中设置【段前】为"1行"、【段后】均为"0.5行"、行距为"单倍行距"，单击【确定】按钮，返回至【根据格式设置创建新样式】对话框，单击【确定】按钮。

▌7 完成设置

设置样式后的效果如下图所示。

▌8 设置其他标题格式

使用格式刷为其他标题设置格式。设置完成后按【Esc】键结束格式刷命令。

第3步：设置正文字体及段落样式

1 设置正文字体和字号

选中第2段和第3段内容，在【开始】选项卡的【字体】组中根据需要设置正文的字体和字号。

2 设置段落样式

单击【开始】选项卡下【段落】组中的【段落】按钮 ，在弹出的【段落】对话框的【缩进和间距】选项卡中设置【特殊格式】为"首行缩进"，【磅值】为"2字符"，设置完成后单击【确定】按钮。

3 完成设置

设置段落样式后的效果如下图所示。

4 设置其他正文段落样式

使用格式刷设置其他正文段落的样式。

5 显示特殊字体和颜色

在设置说明书的过程中，如果有需要用户特别注意的地方，可以将其用特殊的字体或者颜色显示出来，选择第一页的"注意："文本，将其【字体颜色】设置为"红色"，并将其【加粗】显示。

6 设置其他文本

使用同样的方法设置其他"注意："文本。

7 设置文本格式

选择最后的7段文本，将其【字体】设置为"方正楷体简体"，【字号】设置为"5号"。

第4步：添加项目符号和编号

1 选择编号样式

选中"4. 为耳机配对"标题下的部分内容，单击【开始】选项卡下【段落】组中【编号】按钮  右侧的下拉按钮，在弹出的下拉列表中选择一种编号样式。

2 完成添加

添加编号后的效果如下图所示。

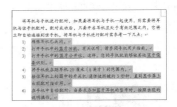

3 选择项目符号样式

选中"6. 通话"标题下的部分内容，单击【开始】选项卡下【段落】组中【项目符号】按钮  右侧的下拉按钮，在弹出的下拉列表中选择一种项目符号样式。

4 完成添加

添加项目符号后的效果如下图所示。

第5步：插入并设置图片

1 插入图片

将鼠标光标定位至"2. 充电"文本后，单击【插入】选项卡下【插图】选项组中的【图片】按钮，弹出【插入图片】对话框，选择随书光盘中的"素材\ch03\图片01.png"文件，单击【插入】按钮。

2 显示效果

即可将图片插入到文档中。

3 选择图片格式

选中插入的图片，在【格式】选项卡下的【排列】选项组中单击【自动换行】按钮的下拉按钮，在弹出的下拉列表中选择【四周型环绕】选项。

4 调整图片位置

根据需要调整图片的位置，将鼠标光标定位至"8. 指示灯"文本后，重复步骤 **1** ~ **4**，插入随书光盘中的"素材\ch03\图片02.png"文件。并适当地调整图片的大小。

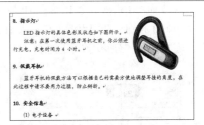

第6步：插入分页、页眉和页脚

1 插入分页符

制作使用说明书时，需要将某些特定的内容单独一页显示，这时就需要插入分页符。将鼠标光标定位在"产品使用说明书"后方，单击【插入】选项卡下【页面】组中的【分页】按钮。

2 显示效果

即可看到标题单独在一页显示的效果。

3 调整文本位置

调整"产品使用说明书"文本的位置，使其位于页面的中间。

4 插入分页符

使用同样的方法，在其他需要单独一页显示的内容前插入分页符。

5 插入页眉

将鼠标光标定位在第2页中，单击【插入】选项卡下【页眉和页脚】组中的【页眉】按钮，在弹出的下拉列表中选择【空白】选项。

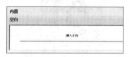

6 在页眉输入标题

在页眉的【标题】文本域中输入"产品功能说明书"，然后单击【页眉和页脚工具】下【设计】选项卡下【关闭】组中的【关闭页眉和页脚】按钮。

7 添加页码

单击【插入】选项卡下【页眉和页脚】组中的【页码】按钮，在弹出的下拉列表中选择【页面底端】▶【普通数字3】选项。

8 显示效果

即可看到添加页码后的效果。

第7步：提取目录

1 插入空白页

将鼠标光标定位在第2页最后，单击【插入】选项卡下【页面】组中的【空白页】按钮，插入一页空白页。

2 输入文本

在插入的空白页中输入"说明书目录"文本，并根据需要设置字体的样式。

3 自定义目录

单击【引用】选项卡下【目录】组中的【目录】按钮，在弹出的下拉列表中选择【插入目录】选项。

4 设置目录级别

弹出【目录】对话框，设置【显示级别】为"2"，单击选中【显示页码】、【页码右对齐】复选框。单击【确定】按钮。

5 显示效果

提取说明书目录后的效果如下图所示。

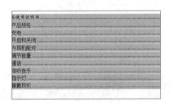

6 设置大纲级别

在首页中的"产品使用说明书"文本设置了大纲级别，所以在提取目录时可以将其以标题的形式提出。如果要取消其在目录中显示，可以选择文本后单击鼠标右键，在弹出的快捷菜单中选择【段落】选项，打开【段落】对话框，在【常规】中设置【大纲级别】为"正文文本"，单击【确定】按钮。

7 选择【更新域】选项

选择目录，并单击鼠标右键，在弹出的快捷菜单中选择【更新域】选项。

8 更新目录

弹出【更新目录】对话框，单击选中【更新整个目录】单选项，单击【确定】按钮。

9 显示效果

即可看到更新目录后的效果。

10 调整文档

根据需要适当地调整文档，并保存调整后的文档。

至此，就完成了产品功能说明书的制作。

高手私房菜

技巧1：使用制表符精确排版

制表符对齐方式包括左对齐，右对齐，居中对齐和小数点对齐。点击行标尺左侧顶部图标 可以选择对齐方式。选择好对齐方式，在标尺中适当位置点击，即可在该位置设置指定对齐方式的制表符。

1 打开文档

打开随书光盘中的"素材\ch03\使用制表符排版.docx"文档。

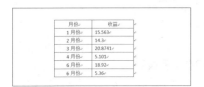

2 选择【更新域】选项

选择"收益"列，然后单击行标尺左侧顶部图标选择【小数点对齐式制表符】，如下图所示。

3 小数点对齐

在行标尺单击如下点，来作为小数点对齐的位置，如下图所示。

技巧2：删除页眉分割线

在添加页眉时，经常会看到自动添加的分割线，可以将自动添加的分割线删除。

1 清除格式

双击页眉，进入页眉编辑状态。单击【开始】选项卡下【样式】选项组中的【快速样式】按钮的下拉按钮，在弹出的下拉列表中选择【清除格式】选项。

2 删除页眉中的分割线

即可看到页眉中的分割线已经被删除。

第4章

Excel 2010的基本应用

重点导读 ············· 本章视频教学时间：41分钟

Excel 2010主要用于电子表格的处理，本章主要介绍工作簿和工作表的基本操作、单元格区域的基本操作以及数据输入的基本操作等内容。

学习效果图

	A	B	C	D	E	F	G	H	I	J	K	L
					员工档案表							
1												
2	姓名		性别		出生日期		年龄					
3	户口所在地				联系电话							
4	通讯地址				身份证号码							
5	毕业院校				联系电话							
6	最高学历				E-mail							
7					教育经历							
8	起止时间		学校名称		所学专业		所获奖励		备注			
9												
10												
11					工作简历							
12	起止时间		公司名称		任职岗位		参与项目		备注			
13												
14												
15												
16												
17	工作技能：											
18												
19												
20												
21	离开原单位的原因（应届生直接填写"无"）											
22												
23												
24												
25								填表人：	年	月	日	

Sheet1 Sheet2 Sheet3

4.1 工作簿的基本操作

工作簿是指在Excel中用来存储并处理工作数据的文件，在Excel 2010中，其扩展名是.xlsx。通常所说的Excel文件指的就是工作簿文件。

4.1.1 创建工作簿

用Excel工作，首先要创建一个工作簿。创建空白工作簿有以下几种方法。

(1) 自动创建

启动Excel后，它会自动创建一个名称为"工作簿1"的工作簿，默认情况下，工作簿中包含3个工作表，名称分别为Sheet1、Sheet2和Sheet3。可以在这个新工作簿中输入数据、进行计算等操作。

如果已经启动了Excel，还可以通过下面的3种方法创建新的工作簿。

(2) 使用【文件】选项卡

● 单击【文件】选项卡，在弹出的下拉菜单中选择【新建】选项。

● 在中间的列表中单击【可用模板】区域中的【空白工作簿】选项，然后单击右侧的【创建】按钮。

(3) 使用快速访问工具栏

单击【快速访问工具栏】右侧的 按钮，在弹出的下拉菜单中选择【新建】命令，将其添加至快速访问工具栏，然后单击【快速访问工具栏】中的【新建】按钮，即可新建一个工作簿。

(4) 使用快捷键

按【Ctrl + N】组合键即可新建一个工作簿。

4.1.2 保存工作簿

在使用工作簿的过程中，为避免电源故障和系统崩溃等突发事件造成用户数据丢失，需要对工作簿及时保存。

1. 保存新建工作簿

保存新建工作簿的具体操作步骤如下。

1 保存

单击【快速访问工具栏】上的【保存】按钮 ，或单击【文件】选项卡，选择【保存】选项，也可以使用【Ctrl+S】组合键实现保存操作。

2 另存为

如果是第一次保存该文件，会弹出【另存为】对话框。在该对话框的【保存位置】下拉列表框中选择文件的保存位置，在【文件名】文本框中输入文件的名称，如"新建工作簿"，单击【保存】按钮，即可将该工作簿保存。

3 完成保存

保存完成后返回Excel编辑窗口，在标题栏中将会显示保存后的工作簿名称。

提示　　如果是已经保存过的工作簿，可以按【Ctrl+S】组合键、单击快速访问工具栏中的【保存】按钮来快速保存工作簿。

2. 另存工作簿

在对工作簿内容进行修改后，如果不想改动原有工作簿，可以对其进行另存处理。

1 另存为

单击【文件】选项卡，在弹出的【文件】列表中选择【另存为】选项。

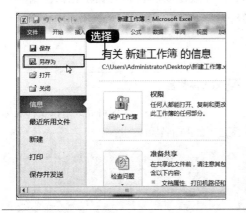

2 完成保存

在弹出的【另存为】对话框中设置工作簿另存后的名称、存储路径及类型等，然后单击【保存】按钮即可。

4.2 工作表的基本操作

本节视频教学时间 / 7分钟

本节主要介绍工作表的基本操作，包括工作表的创建、插入、删除、选择、重命名、复制或移动、隐藏和显示、设置工作表标签颜色及保护工作表等。

4.2.1 新建工作表

创建新的工作簿时，Excel 2010默认只有3个工作表，在使用Excel 2010的过程中，有时候需要使用更多的工作表，则需要新建工作表。新建工作表的具体操作步骤如下。

1 打开文件

在打开的Excel文件中，单击【插入工作表】按钮 。

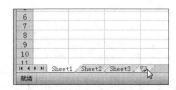

 提示 用户可以按【Shift+F1】组合键，创建新的工作表。

2 创建新工作表

即可创建一个新工作表，如下图所示。

 提示 单击【开始】选项卡下【单元格】选项组中的【插入】按钮后的下拉按钮，在弹出的下拉列表中选择【插入工作表】选项，也可以快速地创建工作表。

4.2.2 重命名工作表

每个工作表都有自己的名称，默认情况下以Sheet1、Sheet2、Sheet3……命名工作表。用户可以对工作表进行重命名操作，以便更好地管理工作表。

重命名工作表的方法有以下两种。

1. 在标签上直接重命名

1 编辑标签

双击要重命名的工作表的标签Sheet1（此时该标签以高亮显示），进入可编辑状态。

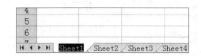

2 输入标签名

输入新的标签名，即可完成对该工作表标签进行的重命名操作。

2. 使用快捷菜单重命名

1 单击【重命名】

在要重命名的工作表标签上右击，在弹出的快捷菜单中选择【重命名】菜单项。

2 输入标签名

此时工作表标签会高亮显示，在标签上输入新的标签名，即可完成工作表的重命名。

4.2.3 移动或复制工作表

复制和移动工作表的具体步骤如下。

1. 移动工作表

移动工作表最简单的方法是使用鼠标操作，在同一个工作簿中移动工作表的方法有以下两种。

(1) 直接拖曳法

1 选择标签

选择要移动的工作表的标签，按住鼠标左键不放。

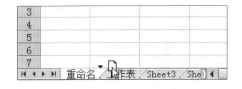

2 移动标签

拖曳鼠标让指针到工作表的新位置，黑色倒三角会随鼠标指针移动而移动，释放鼠标左键，工作表即被移动到新的位置。

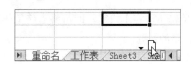

(2) 使用快捷菜单法

1 单击【移动或复制】

在要移动的工作表标签上右键单击，在弹出的快捷菜单中选择【移动或复制】菜单项。

2 选择插入位置

在弹出的【移动或复制工作表】对话框中选择要插入的位置。

❸ 完成移动

单击【确定】按钮，即可将当前工作表移
动到指定的位置。

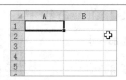

另外，不但可以在同一个Excel工作簿中移动工作表，还可以在不同的工作簿中移动。若要在
不同的工作簿中移动工作表，则要求这些工作簿必须是打开的。具体的操作步骤如下。

❶ 选择要移动的目标位置

在要移动的工作表标签上右键单击，在弹
出的快捷菜单中选择【移动或复制】菜单项，
弹出【移动或复制工作表】对话框，在【将选
定工作表移至工作簿】下拉列表中选择要移动
的目标位置。

❷ 选择插入位置

在【下列选定工作表之前】列表框中选择
要插入的位置。

❸ 完成移动

单击【确定】按钮，即可将当前工作表移
动到指定的位置。

2. 复制工作表

用户可以在一个或多个Excel工作簿中复制工作表，有以下两种方法。

(1) 使用鼠标复制

用鼠标复制工作表的步骤与移动工作表的步骤相似，只是在拖动鼠标的同时按住【Ctrl】键即可。

❶ 选择复制的工作表

选择要复制的工作表，按住【Ctrl】键的
同时单击该工作表。

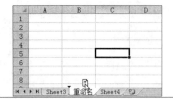

❷ 复制到新位置

拖曳鼠标让指针到工作表的新位置，黑色
倒三角形会随鼠标指针移动而移动，释放鼠标左
键，工作表即被复制到新的位置。

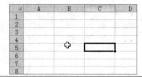

(2) 使用快捷菜单复制

1 使用快捷菜单

选择要复制的工作表，在工作表标签上右击，在弹出的快捷菜单中选择【移动或复制】菜单项。在弹出的【移动或复制工作表】对话框中选择要复制的目标工作簿和插入的位置，然后选中【建立副本】复选框。

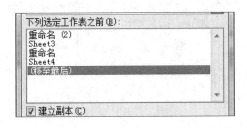

2 完成复制

单击【确定】按钮，即可完成复制工作表的操作。

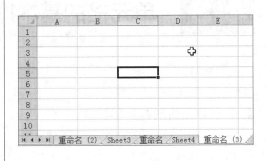

4.2.4 显示和隐藏工作表

在实际应用中，可以将Excel表格隐藏起来，在需要的时候再将Excel表格显示出来。

1. 隐藏Excel工作表

1 选择隐藏文件

选择要隐藏的工作表标签（如"Sheet2"）。右击标签，在弹出的快捷菜单中选择【隐藏】菜单项。

2 隐藏文件

当前所选工作表即被隐藏起来。

2. 显示工作表

1 取消隐藏

在任意一个标签上右键单击，在弹出的快捷菜单中选择【取消隐藏】选项。

2 选择恢复的工作表

弹出【取消隐藏】对话框，选择要恢复隐藏的工作表名称。

3 完成显示

单击【确定】按钮，隐藏的工作表即被显示出来。

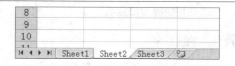

4.3 单元格的基本操作

本节视频教学时间 / 9分钟

单元格是工作表中行列交汇处的区域，它可以保存数值、文字和声音等数据。在Excel中，单元格是编辑数据的基本元素。

4.3.1 单元格的合并和拆分

合并与拆分单元格是最常用的单元格操作，它不仅可以满足用户编辑表格中数据的需求，也可以使工作表整体更加美观。

1.合并单元格

合并单元格是指在Excel工作表中，将两个或多个选定的相邻单元格合并成一个单元格。

1 选择【合并后居中】选项

在打开的"素材\ch04\成绩表.xlsx"工作簿中，选择单元格区域A1:F1，单击【开始】选项卡下【对齐方式】选项组中【合并后居中】按钮右侧的下拉按钮，在弹出的列表中选择【合并后居中】选项。

2 完成合并

该表格标题行即合并且居中显示。

单元格合并后，将使用原始区域左上角的单元格地址来表示合并后的单元格地址。

2.拆分单元格

在Excel工作表中，还可以将合并后的单元格拆分成多个单元格。

选择合并后的单元格，单击【开始】选项卡下【对齐方式】选项组中【合并后居中】按钮右侧的下拉按钮，在弹出的列表中选择【取消单元格合并】选项。该表格标题行标题即被取消合并，恢复成合并前的单元格。

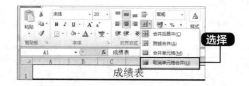

提 示

在合并后的单元格上单击鼠标右键，在弹出的快捷菜单中选择【设置单元格格式】选项，弹出【设置单元格格式】对话框。在【对齐】选项卡下撤消选中【合并单元格】复选框，然后单击【确定】按钮，也可拆分合并后的单元格。

4.3.2 调整列宽和行高

在Excel工作表中，当单元格的宽度或高度不足时，会导致数据显示不完整，这时就需要调整列宽和行高。

1. 手动调整行高与列宽

在Excel工作表中，使用鼠标可以快速调整行高和列宽，其具体操作步骤如下。

(1) 调整单行或单列

如果要调整行高，将鼠标指针移动到两行的列号之间，当指针变成 形状时，按住鼠标左键向上拖动可以使行变小，向下拖动则可使行变高。拖动时将显示出以点和像素为单位的宽度工具提示。如果要调整列宽，将鼠标指针移动到两列的列标之间，当指针变成 形状时，按住鼠标左键向左拖动可以使列变窄，向右拖动则可使列变宽。

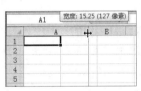

(2) 调整多行或多列

如果要调整多行或多列的宽度，选择要更改的行或列，然后拖动所选行号（或列标）的下侧（或右侧）边界，调整行高（或列宽）。

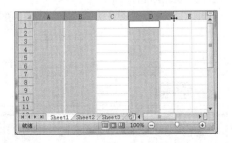

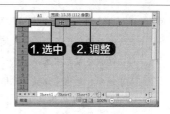

(3) 调整整个工作表的行或列

如果要调整工作表中所有列的宽度，单击
【全选】按钮 ，然后拖动任意列标题的边
界调整行高或列宽。

2. 自动调整行高与列宽

用户可以根据单元格中的内容，自动调整行高与列宽，其具体操作步骤如下。

1 自动调整列宽

打开随书光盘中的"素材\ch04\职工通讯
录.xlsx"工作簿，选择要调整的行或列，如这
里选择E列。在【开始】选项卡中，单击【单元
格】选项组中的【格式】按钮 ，在弹出的
下拉菜单中选择【自动调整列宽】选项。

2 完成调整

即可看到E列根据内容自动调整了列宽。

如果要调整行高，在弹出的下拉菜单中
选择【自动调整行高】菜单项，即可自动调整
行高。

3. 将行高与列宽设置为固定数值

虽然使用鼠标可以快速调整行高或列宽，但是其精确度不高，如果需要调整行高或列宽为固定
值，那么就需要使用选项组进行调整。

1 选择【列宽】菜单项

打开随书光盘中的"素材\ch04\职工通讯
录.xlsx"工作簿，如这里选择B列和C列。在列
标上单击鼠标右键，在弹出的快捷菜单中选择
【列宽】菜单项。

2 输入文本

弹出【列宽】对话框，在【列宽】文本框
中输入"10"。

> **提示** 列宽的数值范围为0~255，此值表示以标准字体进行格式设置的单元格中可显示的字符数，默认列宽为
8.43个字符。如果列宽设置为0，则此列被隐藏。行高的数值范围为0~409，此值表示以点计量的高度（1
点约等于0.035厘米），默认行高为12.75点（约0.4厘米）。如果行高设置为0，则该行被隐藏。

③ 完成调整

单击【确定】按钮，B列和C列即被调整为宽度均为"10"的列。

如果要调整行高，在弹出的快捷菜单中选择【行高】命令，设置行高的数值，具体操作方法不再赘述。

4.3.3 插入/删除行和列

插入/删除行和列是在Excel中编辑数据时常用的操作。

1.插入行与列

在打开的"职工通讯录.xlsx"文件中，如果希望在工作簿中添加其他人或者添加其他选项时，就需要插入行和列。具体的操作方法如下。

(1)插入行

在工作表中插入新行，当前行则向下移动。

① 在工作簿中插入行

打开随书光盘中的"素材\ch04\职工通讯录.xlsx"工作簿，选中第4行后，单击鼠标右键，在弹出的快捷菜单中选择【插入】菜单项。

② 完成插入

插入后的效果如下图所示，原第4行向下移动一行。

提示　选择第4行后单击【开始】选项卡下【单元格】组中的【插入】按钮，在其下拉列表中选择【插入工作表行】选项，也可以插入行。

提示　如果需要插入多行，选择的行数则要与需插入的行数相同。

(2)插入列

在工作表中插入新列，当前列则向右移动。

1 在工作簿中插入列

将鼠标指针指向B列，在B列列标上单击鼠标右键，在弹出的快捷菜单中选择【插入】菜单项。

2 完成插入

插入后的效果如下图所示，原B列的【姓名】向右移动一列到C列。

2. 删除行与列

工作表中多余的行或列，可以将其删除。删除行和列的方法有多种，最常用的有以下几种。

（1）选择要删除的行或列，单击鼠标右键，在弹出的快捷菜单中选择【删除】菜单项。如在B列列标上单击鼠标右键，在弹出的快捷菜单中选择【删除】选项即可将其删除。

（2）选择要删除的行或列，单击【开始】选项卡下【单元格】组中的【删除】按钮右侧的下拉按钮，在弹出的下拉列表中选择【删除工作表行】或【删除工作表列】选项，即可将选中的行或列删除。

（3）选择要删除的行或列中的一个单元格，单击鼠标右键，在弹出的快捷菜单中选择【删除】选项，在弹出的【删除】对话框中选中【整行】或【整列】单选项，然后单击【确定】按钮即可。

4.4 输入和编辑数据

本节视频教学时间 / 12分钟

对于单元格中输入的数据，Excel会自动地根据数据的特征进行处理并显示出来。本节介绍Excel如何自动地处理这些数据以及输入的技巧。

4.4.1 输入文本数据

单元格中的文本包括汉字、英文字母、数字和符号等。每个单元格最多可包含32 767个字符。例如，在单元格中输入"5个小孩"，Excel会将它显示为文本形式；若将"5"和"小孩"分别输入到不同的单元格中，Excel则会把"小孩"作为文本处理，而将"5"作为数值处理。

选择要输入的单元格，输入数据后按【Enter】键，Excel会自动识别数据类型，并将单元格对齐方式默认设置为"左对齐"。

如果单元格列宽容纳不下文本字符串，多余字符串会在相邻单元格中显示，若相邻的单元格中已有数据，就截断显示。

 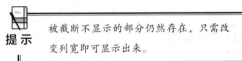

提示　被截断不显示的部分仍然存在，只需改变列宽即可显示出来。

如果在单元格中输入的是多行数据，在换行处按【Alt+Enter】组合键，可以实现换行。换行后在一个单元格中将显示多行文本，行的高度也会自动增大。

4.4.2 输入常规数值

常规格式数值是不包含特定格式的数据格式，Excel中默认的数据格式即为常规格式。数值型数据是Excel中使用最多的数据类型。在输入数值时，数值将显示在活动单元格和编辑栏中。单击编辑栏左侧的【取消】按钮 ✕，可将输入但未确认的内容取消。如果要确认输入的内容，则可按【Enter】键或单击编辑栏左侧的【输入】按钮 ✓。

提示　数字型数据可以是整数、小数或科学计数（如6.09E+13）。在数值中可以出现的数学符号包括负号（−）、百分号（％）、指数符号（E）和美元符号（＄）等。

在单元格中输入数值型数据后按【Enter】键，Excel会自动将数值的对齐方式设置为"右对齐"。

在Excel工作表输入数值类数据的规则如下。

（1）输入分数时，为了与日期型数据区分，需要在分数之前加一个零和一个空格。例如，在A1中输入"1/4"，则显示"1月4日"；在B1中输入"0 1/4"，则显示"1/4"，值为0.25。

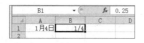

（2）如果输入以数字0开头的数字串，Excel将自动省略0。如果要保持输入的内容不变，可以先输入英文标点单引号（'），再输入数字或字符。

（3）若单元格容纳不下较长的数字，则会用科学计数法显示该数据。

	A	B
1	1.23344E+11	
2	8.67756E+12	

4.4.3 输入日期型数据

在工作表中输入日期或时间时，需要用特定的格式定义。日期和时间也可以参加运算。Excel内置了一些日期与时间的格式。当输入的数据与这些格式相匹配时，Excel会自动将它们识别为日期或时间数据。

1. 输入日期

在输入日期时，可以用左斜线或短线分隔日期的年、月、日。例如，可以输入"2015/1/1"或者"2015-1-1"；如果要输入当前的日期，按【Ctrl＋；】组合键即可。

	A	B	C
1	2015/1/1		
2	2015/1/1		
3		2014/11/16	
4			
5			

2. 输入时间

在输入时间时，小时、分、秒之间用冒号（：）作为分隔符。如果按12小时制输入时间，需要在时间的后面空一格，再输入字母am（上午）或pm（下午）。例如，输入"10:00 pm"，按【Enter】键的时间结果是10:00 PM。如果要输入当前的时间，按【Ctrl＋Shift＋；】组合键即可。

B3		fx	11:29:00	
	A	B	C	D	E
1					
2	10:00 PM				
3		11:29			

日期和时间型数据在单元格中靠右对齐。如果Excel不能识别输入的日期或时间格式，输入的数据将被视为文本并在单元格中靠左对齐。

提示

特别需要注意的是，若单元格中首次输入的是日期，则单元格就自动格式化为日期格式，以后如果输入一个普通数值，系统仍然会换算成日期显示。

4.4.4 输入货币型数据

输入的数据为金额时，需要设置单元格格式为"货币"，如果输入的数据不多，可以直接在单元格中输入带有货币符号的金额。在单元格中按【Shift+4】组合键，出现货币符号，继续输入金额数值即可。

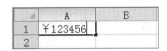

提示　这里的数字"4"为键盘中字母上方的数字键，而并非小键盘中的数字键，在英文输入状态下，按组合键【Shift+4】，会出现"$"符号，在中文输入法下则出现"￥"符号。

4.4.5 快速填充数据

当需要输入重复或者具有特殊规则的一行或一列数据时，可以使用填充柄快速地填充数据。

1.填充相同的数据

使用填充柄可以在表格中输入相同的数据，相当于复制数据，具体的操作步骤如下。

1 填充数据

选定A1单元格，输入"地球"，将鼠标指针指向该单元格右下角的填充柄。

2 完成快速填充

拖曳鼠标指针至A6单元格，结果如下图所示。

2.填充有序的数据

使用填充柄还可以填充序列数据，例如，等差或等比序列。首先选取序列的第1个单元格并输入数据，再在序列的第2个单元格中输入数据，之后利用填充柄填充，前两个单元格内容的差就是步长。具体操作步骤如下。

1 选中输入内容的单元格

分别在A1和A2单元格中输入"20150101"和"20150102"，选中A1、A2单元格，将鼠标指针指向该单元格右下角的填充柄。

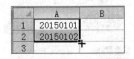

2 拖动完成等差序列的填充

待鼠标指针变为＋时，拖曳鼠标指针至A6单元格，即可完成等差序列的填充，如下图所示。

	A	B
1	20150101	
2	20150102	
3	20150103	
4	20150104	
5	20150105	
6	20150106	
7		

3.多个单元格的数据填充

填充相同数据或是有序的数据均是填充一行或一列，同样可以使用填充功能快速填充多个单元格中的数据，具体的操作方法如下。

1 选中输入内容的单元格

在Excel表格中输入如下图所示数据，选中单元格区域A1:B2，将鼠标指针指向该单元格区域右下角的填充柄。

2 拖动到多个单元格完成填充

待鼠标指针变为＋时，拖曳鼠标指针至B6单元格，即可完成在工作表列中多个单元格数据的填充，如下图所示。

3 选中单元格

选中单元格区域B1:C2，将鼠标指针指向该单元格区域右下角的填充柄。

4 拖动完成填充

待鼠标指针变为＋时，拖曳鼠标指针至F2单元格，即可完成在工作表行中多个单元格数据的填充，如下图所示。

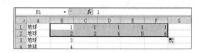

4.自定义序列填充

在Excel 2010中填充等差数列时，系统默认增长值为"1"，这时我们可以自定义序列的填充值。

1 选中单元格

选中工作表中所填充的等差数列所在的单元格区域。

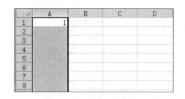

2 选择【序列】选项

单击【开始】选项卡下【编辑】选项组中的【填充】按钮，在弹出的下拉列表中选择【系列】选项。

3 输入数字

弹出【序列】对话框，单击【类型】区域中的【等差序列】单选钮，在【步长值】文本框中输入"2"，单击【确定】按钮。

4 完成填充

所选中的等差数列就会转换为步长值为"2"的等差数列，如下图所示。

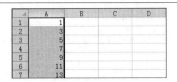

提示　如果选定单元格后按【Delete】键，仅清除该单元格的内容，而不清除单元格的格式或批注。

4.4.6 删除和修改数据

当数据输入错误时，左键单击需要修改数据的单元格，然后输入要修改的数据，则该单元格将自动更改数据。

1 删除内容

右键单击需要修改数据的单元格，在弹出的快捷菜单中选择【清除内容】选项。

2 重新输入数据

数据清除之后，在原单元格中重新输入数据即可。

提示　选中单元格，按【Backspace】或【Delete】键也可将数据清除。

4.5 实战演练——制作员工档案管理表

本节视频教学时间 / 6分钟

员工档案表一般应该包括员工的基本资料，例如，姓名、性别、身份证号码、学历、联系电话、家庭地址等。本节介绍利用Excel制作一份员工档案管理表的具体操作步骤。

第1步：打开素材并合并单元格

1 打开文件

打开随书光盘中的"素材\ch04\员工档案管理表.xlsx"文件。

2 选择【合并后居中】按钮

选择A1:J1单元格区域，单击【开始】选项卡下【对齐方式】选项组中的【合并后居中】按钮 。

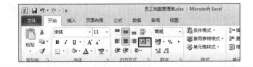

3 合并其他单元格

使用同样的方法，合并B3:D3、B4:D4、B5:D5、B6:D6、F3:H3、F4:H4、F5:H5、F6:H6、H2:J6单元格区域，合并后效果如下图所示。

4 完成合并

将下方教育经历以及工作简历根据需要进行合并，效果如下图所示。

5 选择对齐方式

选中A17:G20单元格区域，单击【开始】选项卡下【对齐方式】选项组中的【顶端对齐】按钮和【文本左对齐】按钮。

6 设置其他单元格的对齐方式

根据需要设置其他单元格区域的对齐方式，设置后效果如下图所示。

第2步：设置单元格及文本格式

1 选中单元格

选择F4:H4单元格区域并单击鼠标右键，在弹出的快捷菜单中选择【设置单元格格式】选项。

2 设置单元格格式

弹出【设置单元格格式】对话框，在【数字】选项卡下单击【分类】列表框中的【文本】选项，单击【确定】按钮。

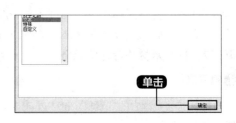

3 设置字体

选择A1单元格，设置文本【字体】为"华文楷体"，设置【字号】为"18"。

4 设置其他字体

选择其他要设置字体的文本，设置其【字体】为"华文楷体"，设置【字号】为"12"。

6 设置行高

弹出【行高】对话框，设置【行高】为"30"，单击【确定】按钮。

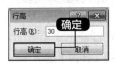

7 设置其他行高

设置其他行的【行高】为"22"。

9 设置列宽

在弹出的【列宽】对话框中设置【列宽】为"10.25"，单击【确定】按钮。

5 选择【行高】选项

选中第1行，并单击鼠标右键，在弹出的快捷菜单中选择【行高】选项。

8 选择【列宽】选项

选中A列和E列，单击【开始】选项卡下【单元格】选项组中【格式】按钮后的下拉按钮，在弹出的下拉列表中选择【列宽】选项。

第3步：设置边框

1 选择【其他边框】选项

选中单元格区域A1:J25，在【开始】选项卡下【字体】选项组的【边框】下拉列表中选择【其他边框】选项。

2 设置外边框

弹出【设置单元格格式】对话框，选择【边框】选项卡，在【线条】区域的【样式】列表框中选择一种线条样式，并设置【颜色】为"黑色"。然后在【预设】区域单击【外边框】按钮。

3 设置内边框

使用同样的方法设置内边框。设置完成，单击【确定】按钮。

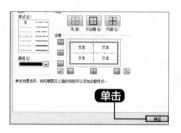

4 完成边框操作

此时就完成了设置员工档案管理表边框的操作，最终效果如下图所示。

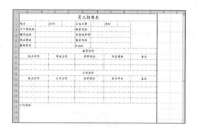

高手私房菜

技巧：同时填充多个工作表

在同一个工作簿中，如果需要在不同的工作表的相同位置（如每个工作表的A1:A10单元格区域）输入相同的数据，可以同时对多个工作表进行数据的填充。下面介绍如何将内容填充到多个工作表中。

1 选中填充的单元格

打开随书光盘中的"素材\ch04\填充.xlsx"工作簿，选择要填充的单元格区域，如这里选择单元格区域A2:C11，然后按住【Shift】键，单击需要填充数据的工作表，被选择了的工作表下方会用绿色线标记。

2 选择【成组工作表】选项

单击【开始】选项卡下【编辑】选项组中的【填充】按钮，在弹出的下拉列表中选择【成组工作表】选项。

3 选择【全部】选项

弹出【填充成组工作表】对话框，单击选择【全部】单选钮。

4 完成填充

单击【确定】按钮，被选择的工作表即会填充相应内容。

第 **5** 章
管理和美化工作表

重点导读 ··· 本章视频教学时间：42分钟

工作表的美化是表格制作的一项重要内容，用户可以依据个人喜好或某种要求对工作表及单元格数据进行不同的格式设置，以达到布局合理、结构清晰、色彩明快、美观大方的目的。本章主要介绍表格样式、单元格样式的设置，插入图片、SmartArt图形以及图表的使用等内容。

学习效果图

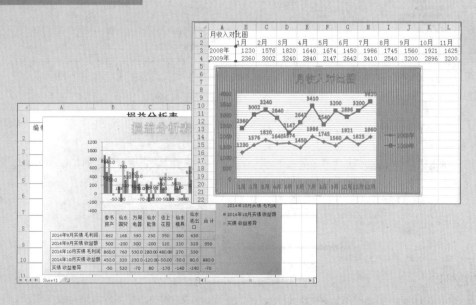

5.1 设置单元格

本节视频教学时间 / 5分钟

单元格是表格中行与列的交叉部分，它是组成表格的最小单位，可拆分或者合并。单个数据的输入和修改都是在单元格中进行的。

5.1.1 设置字体、字号和颜色

在Excel 2010中，可以更改工作表中选定区域的字体格式，也可以更改Excel表格中的默认字体、字号及字体颜色等。默认的情况下，Excel 2010表格中的字体格式是黑色、宋体和11号。如果对此字体格式不满意，可以更改。

1. 设置字体

Excel 2010的表格字体除宋体外，还有黑体、隶书等。设置字体的具体操作步骤如下。

1 设置工作簿字体

打开随书光盘中的"素材\ch05\学生成绩表.xlsx"工作簿，选择需要设置字体的单元格（或区域），在【开始】选项卡下【字体】选项组中的【字体】下拉列表中选择需要的字体。

2 设置其他字体

使用同样的方法，依次设置其他单元格中的字体。

也可以在要改变格式的单元格上单击鼠标右键，在弹出的浮动工具条的【字体】下拉列表中设置字体。

还可以单击【字体】选项组右下角的 按钮，在弹出的【设置单元格格式】对话框中设置字体。

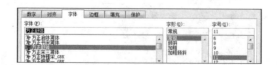

2. 设置字号

在Excel 2010中，字体的默认字号是11号，相当于Word文档中的5号字。如果用数字表示，数值越大，显示的字号就越大。要想改变默认字号，可以对字号进行设置。

3. 设置字体颜色

默认的情况下，Excel 2010表格中的字体颜色是黑色的。如果对字体颜色不满意，可以更改。

1 选择需要设置的单元格

选择需要设置字体颜色的单元格或单元格区域。

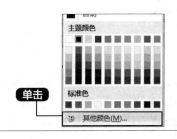

2 设置字体颜色

单击【开始】选项卡下【字体】选项组中的【字体颜色】按钮 **A** 右侧的下拉按钮，在弹出的调色板中选择需要的字体颜色即可。

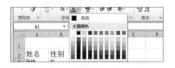

3 自定义字体颜色

如果调色板中没有所需的颜色，可以自定义颜色。在弹出的调色板中选择【其他颜色】选项。

4 完成字体颜色设置

弹出【颜色】对话框，在【标准】选项卡中选择需要的颜色，或者在【自定义】选项卡中调整适合的颜色，单击【确定】按钮，即可应用重新定义的字体颜色。

> **提示**　此外，也可以在要改变字体的文字上右键单击，在弹出的浮动工具条的【字体颜色】列表中设置字体颜色。还可以单击【字体】选项组右侧的 按钮，在弹出的【设置单元格格式】对话框中设置字体颜色。

5.1.2 设置对齐方式

Excel 2010允许为单元格数据设置的对齐方式有左对齐、右对齐和合并居中对齐等。

> **提示**　默认情况下，单元格的文本是左对齐，数字是右对齐。

使用功能区中的按钮设置数据对齐方式的具体步骤如下。

1 选择对齐方式

打开随书光盘中的"素材\ch05\家庭收入支出表.xlsx"工作簿，选择单元格区域A1:E2，单击【对齐方式】组中【合并后居中】按钮 右侧的下拉按钮，在弹出的下拉列表中选择【合并后居中】选项。

2 合并单元格

此时选定的单元格区域合并为一个单元格，且文本居中显示。

3 设置对齐方式

选择单元格区域A1:E16，单击【对齐方式】选项组中的【垂直居中】按钮和【居中】按钮，最终效果如下图所示。

5.2 设置单元格和表格样式

本节视频教学时间 / 7分钟

单元格类型定义了在单元格中呈现的信息的类型，以及这种信息如何显示，用户如何与其进行交互。用户可以使用两种不同的单元格类型对表单中的单元格进行设置：一种是可以简单地关联于单元格的文本格式，另一种就是显示控件或者图形化信息。我们在使用Excel 2010制作和编辑表格时，可以使用表格样式快速制作出漂亮的表格，增加表格的美观性，也能更方便地识别出表格中的不同信息块，因此熟练掌握单元格和表格样式是很必要的。

5.2.1 设置单元格样式

单元格样式是一组已定义的格式特征，在Excel 2010的内置单元格样式中还可以创建自定义单元格样式。若要在一个表格中应用多种样式，就可以使用自动套用单元格样式功能。

1. 套用单元格文本样式

在创建的默认工作表中，单元格文本的【字体】为"宋体"、【字号】为"11"。如果要快速改变文本样式，可以套用单元格文本样式，具体的操作步骤如下。

1 选择【计算】选项

打开随书光盘中的"素材\ch05\设置单元格样式.xlsx"工作簿，选择单元格区域B6:E15，单击【开始】选项卡下【样式】组中的【单元格样式】按钮，在弹出的下拉列表中选择【数据和模型】▶【计算】选项。

❷ 完成套用

即可完成套用单元格文本样式的操作，最终效果如下图所示。

> **提示**
>
> 如果要快速改变背景颜色，可以套用单元格背景样式；如果要快速改变单元格中的标题样式，可以套用单元格标题样式；如果要快速改变数字样式，可以套用单元格数字样式。

5.2.2 设置表格样式

Excel 2010提供自动套用格式功能，便于用户从众多预设好的表格格式中选择一种样式，快速地套用到某一个工作表中。

1. 套用浅色样式美化表格

Excel预置有60种常用的格式，用户可以自动地套用这些预先定义好的格式，以提高工作的效率。

❶ 选择单元格区域

打开随书光盘中的"素材\ch05\设置表格样式.xlsx"工作簿，在"主叫通话记录"表中选择要套用格式的单元格区域A5:G18。

❷ 选择样式

在【开始】选项卡中，选择【样式】选项组中的【套用表格格式】按钮，在弹出的下拉菜单中选择【浅色】栏下的一种样式。

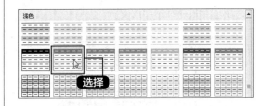

❸ 完成套用样式

单击样式，则会弹出【套用表格式】对话框，单击【确定】按钮即可套用一种浅色样式。

❹ 显示效果

最终效果如下图所示。

> **提示**
>
> 在此样式中单击任意一个单元格，功能区则会出现【设计】选项卡，然后单击【表格样式】组中的任意一种样式，即可更改样式。

2. 套用中等深浅样式美化表格

套用中等深浅样式更合适内容较复杂的表格，具体的操作步骤如下。

1 选择样式

打开随书光盘中的"素材\ch05\设置表格样式.xlsx"工作簿，在"被叫通话记录"表中选择要套用格式的单元格区域A2:G15，单击【开始】选项卡下【样式】组中的【套用表格格式】按钮。

2 完成套用

在弹出的下拉菜单中选择【中等深浅】栏下项中的一种样式，弹出【套用表格式】对话框，单击【确定】按钮。即可套用一种中等深浅色样式。最终效果如下图所示。

3. 套用深色样式美化表格

套用深色样式美化表格时，为了将字体显示得更加清楚，可以对字体添加"加粗"效果，具体的操作步骤如下。

1 选择单元格区域

打开随书光盘中的"素材\ch05\设置表格样式.xlsx"工作簿，在"上网流量记录"表中选择要套用格式的单元格区域A2:D11。

2 选择样式

单击【开始】选项卡下【样式】选项组中的【套用表格格式】按钮，在弹出的下拉菜单中选择【深色】栏下的一种样式。

3 扩大应用样式区域

弹出【套用表格格式】对话框，单击【确定】按钮，套用样式后，右下角会出现一个小正方形，将鼠标指针放上去，当指针变成 ↘ 形状时，按住鼠标并向下或向右拖曳，即可扩大应用样式的区域。

4 显示效果

最终效果如下图所示。

5.3 使用插图

本节视频教学时间 / 6分钟

为了使Excel工作表图文并茂，用户可以在工作表中插入图片。Excel插图具有很好的视觉效果，使用它可以美化文档、丰富工作表内容。本节主要介绍插入图片的方法。

5.3.1 插入图片

在Excel中，可以将本地存储的图片插入到工作表中，其具体步骤如下。

1 打开工作表

打开Excel 工作表，单击【插入】选项卡下【插图】选项组中的【图片】按钮。

2 插入图片

弹出【插入图片】对话框，选择随书光盘中的"素材\ch05\玫瑰.jpg"图片，单击【插入】按钮。

3 完成插入

之后便可将图片插入到Excel工作表中。

5.3.2 插入剪贴画

在Excel中除了普通图片外，还提供了大量的剪贴画，供用户选择使用。剪贴画是Office系统提供的图片。在插入剪贴画之前，要先找到需要的剪贴画。使用【剪贴画】窗格，可以快速并轻松地查找图片、图形、声音效果、音乐、视频和其他媒体文件。

1 插入剪贴画

选择要插入剪贴画的单元格，在【插入】选项卡中单击【插图】选项组中的【剪贴画】按钮，打开【剪贴画】窗格，单击【搜索文字】文本框后的【搜索】按钮，所有的剪辑画就会显示在【剪贴画】窗格中。

2 完成插入

每个剪贴画的右侧都有一个下拉按钮，单击该按钮弹出下拉菜单，选择【插入】选项，即可在当前单元格中插入剪贴画。

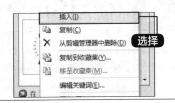

3 搜索剪贴画

在【搜索文字】文本框中输入关键字（如人物），单击【搜索】按钮，即可搜索出符合关键字的剪贴画。

如果找不到合适的图像，可以选择【包括Office.com内容】复选框，即可在Office.com的资源库中查询并将结果在列表中显示出来，通过单击缩略图右侧悬浮的下拉箭头，在弹出的菜单中选择【插入】选项，即可插入图片。

5.3.3 插入形状

Excel 2010中内置了8大类近170种图形，分别为线条、矩形、基本形状、箭头总汇、公式形状、流程图、星与旗帜和标注，用户可以根据需要从中选择适当的图形。

在Excel工作表中绘制形状的方法：在【插入】选项卡中单击【插图】选项组中的【形状】按钮 形状 ，在弹出的下拉列表中选择形状后，在工作表中按住鼠标左键拖曳，即可绘制出相应图形。

当在工作表区域内添加并选择图形时，会在功能区中出现【格式】选项卡，可对所添加的图形进行相应的设置。

一些形状的应用需要使用不同的方法。例如，当添加"任意多边形"形状（形状中的线条类）时，需要重复单击来完成线条的创建，或者拖曳鼠标来创建非线性的形状，双击结束绘制并创建形状。当绘制曲线形状时，也需要多次单击才能绘制完成。

5.4 使用SmartArt图形

本节视频教学时间 / 4分钟

SmartArt图形是数据信息的艺术表示形式，可以在多种不同的布局中创建SmartArt图形，以便快速、轻松、高效地表达信息。

5.4.1 创建SmartArt图形

在创建SmartArt图形之前，应清楚需要通过SmartArt图形表达什么信息以及是否希望信息以某种特定方式显示。创建SmartArt图形的具体操作步骤如下。

1 插入图形

单击【插入】选项卡下【插图】选项组中的【SmartArt】按钮 SmartArt ，弹出【选择SmartArt图形】对话框。

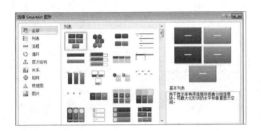

2 选择层次结构

选择左侧列表中的【层次结构】选项，在中间的列表框中选择【组织结构图】选项，单击【确定】按钮。

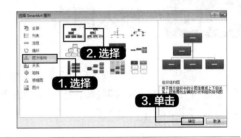

3 完成插入

之后便可在工作表中插入选择的SmartArt图形。

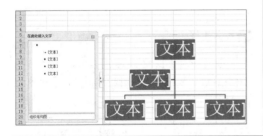

4 输入内容

在【在此处键入文字】窗格中添加下图所示的内容，SmartArt图形会自动更新显示的内容。

5.4.2 改变SmartArt图形布局

可以通过改变SmartArt图形的布局来改变外观，以使图形更能体现出层次结构。

1 选择布局

单击【SmartArt工具】➤【设计】选项卡下【布局】选项组中的【其他】按钮，在弹出的下拉列表中选择【水平组织结构图】形式。

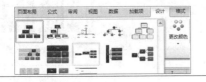

2 更改布局

即可快速更改SmartArt图形的布局。

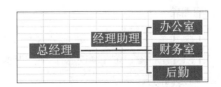

3 选择其他布局样式

也可以单击【SmartArt工具】➤【设计】选项卡下【布局】选项组中的【其他】按钮 ，在下拉列表中选择【其他布局】，在弹出的【选择SmartArt图形】对话框中选择需要的布局样式。

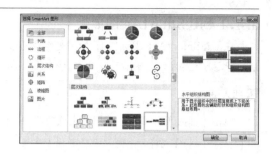

5.5 插入图表

本节视频教学时间 / 10分钟

在图表中可以非常直观地反映工作表中数据之间的关系，可以方便地对比与分析数据。使用图表表示数据，可以使表结果更加清晰、直观和易懂，从而为使用数据提供了便利。

5.5.1 创建图表

Excel 2010可以创建嵌入式图表和工作表图表，嵌入式图表就是与工作表数据在一起或者与其他嵌入式图表在一起的图表，而工作表图表是特定的工作表，只包含单独的图表。

1. 使用快捷键创建图表

按【Alt+F1】组合键可以创建嵌入式图表，按【F11】键可以创建工作表图表。使用快捷键创建图表的具体步骤如下。

1 选择单元格

打开随书光盘中的"素材\ch05\支出明细表.xlsx"工作簿，选择单元格区域A2:E9。

	A	B	C	D	E
1	支出明细表				
2	项目	2012学年度	经费支出	2013学年度	经费支出
3	行政管理支出	12,000	1,200	10,000	900
4	教学研究及训辅支出	13,000	2,470	12,000	2,160
5	奖助学金支出	10,000	1,200	10,000	1,200
6	推广教育支出	10,000	800	15,000	1,350
7	财务支出	12,000	960	10,000	1,000
8	其他支出	13,000	2,080	13,000	1,950
9	幼儿园支出	15,000	1,950	15,000	1,800

2 插入工作表

按【F11】键，即可插入一个名为"Chart1"的工作表，并根据所选区域的数据创建图表。

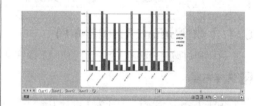

3 创建图表

选中需要创建图表的单元格区域，按【Alt+F1】组合键，可在当前工作表中快速插入簇状柱形图图表。

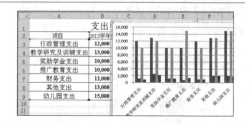

2. 使用功能区创建图表

在Excel 2010的功能区中也可以方便地创建图表，具体的操作步骤如下。

1 选择单元格

打开随书光盘中的"素材\ch05\支出明细表.xlsx"工作簿，选择A2:E9单元格区域。

支出明细表			
项目	2012学年度	经费支出	2013学年度
行政管理支出	12,000	1,200	10,000
教学研究及训辅支出	13,000	2,470	12,000
奖助学金支出	10,000	1,200	10,000
推广教育支出	10,000	800	15,000
财务支出	12,000	960	10,000

2 插入柱形图

在【插入】选项卡下的【图表】选项组中，单击【插入柱形图】按钮，在弹出的下拉列表框中选择【二维柱形图】中的【簇状柱形图】选项。

3 显示效果

即可在该工作表中生成一个柱形图表，效果如下图所示。

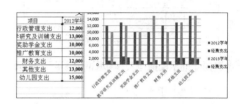

5.5.2 编辑图表

如果对创建的图表不满意，在Excel 2010中还可以对图表进行相应的修改。本节介绍修改图表的一些方法。

1. 在图表中插入对象

要对创建的图表添加标题或数据系列，具体的操作步骤如下。

1 创建柱形图

打开随书光盘中的"素材\ch05\海华销售表.xlsx"工作簿，选择A2:E8单元格区域，并创建柱形图。

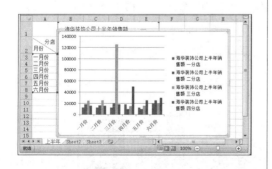

2 选择网格线

选择图表，在【布局】选项卡中单击【坐标轴】组中的【网格线】按钮，在弹出的下拉菜单中选择【主要纵网格线】▶【主要网格线】选项。

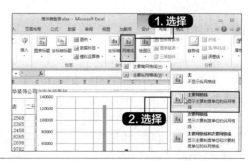

3 选择【图表上方】选项

即可在图表中插入网格线，选择图表，在【布局】选项卡中，单击【标签】组中的【图表标题】按钮 ，在弹出的下拉菜单中选择【图表上方】选项。

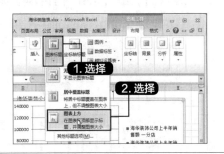

4 命名标题

在"图表标题"文本处将标题命名为"海华装饰公司上半年销售表"。

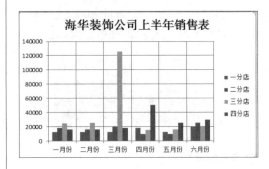

5 选择【显示模拟运算表和图例项标示】选项

再次单击【标签】组中的【模拟运算表】按钮 ，在弹出的下拉菜单中选择【显示模拟运算表和图例项标示】选项。

6 显示效果

最终效果如下图所示。

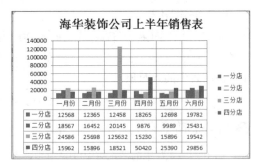

2. 更改图表的类型

如果创建图表时选择的图表类型不能直观地表达工作表中的数据，则可更改图表的类型。具体的操作步骤如下。

1 更改图表类型

接上面的操作，选中图表，单击【设计】选项卡下【类型】选项组中的【更改图表类型】按钮 ，弹出【更改图表类型】对话框，在【更改图表类型】对话框中选择【折线图】中的一种，单击【确定】按钮。

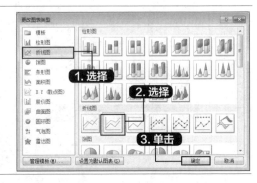

2 完成更改

即可将柱形图表更改为折线图表。

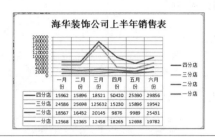

> **提示** 在需要更改类型的图表上右击，在弹出的快捷菜单中选择【更改图表类型】菜单项，也可以在弹出的【更改图表类型】对话框中更改图表的类型。

5.5.3 美化图表

为了使图表美观，可以设置图表的格式。Excel 2010提供有多种图表格式，直接套用即可快速地美化图表。

1. 使用图表样式

在Excel 2010中创建图表后，系统会根据创建的图表提供多种图表样式，对图表可以起到美化的作用。

1 创建柱形图

打开随书光盘中的"素材\ch05\海华销售表.xlsx"工作簿，选择A2:E8单元格区域，并创建柱形图。

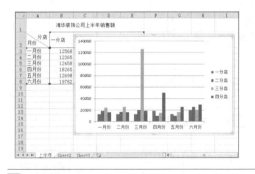

2 选择图表样式

选中图表，在【设计】选项卡下单击【图表样式】组中的【其他】按钮，在弹出的图表样式中，单击任意一个样式即可套用。如这里选择【样式29】。

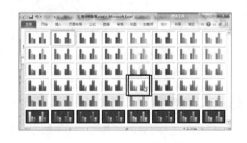

3 显示效果

最终效果如下图所示。

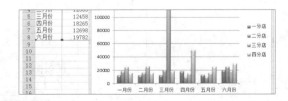

2. 设置图表布局

Excel内置了多种图表布局，用户插入图表后，可以套用内置的图表布局，其具体操作步骤如下。

1 设置图表

打开随书光盘中的"素材\ch05\月收入对比图.xlsx"工作簿，设置为折线图图表。

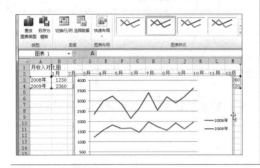

2 选择布局

选中图表，在【设计】选项卡下，单击【图表布局】组中的【其他】按钮，在弹出的图表布局中，单击任意一个布局即可套用。如这里选择【布局5】。

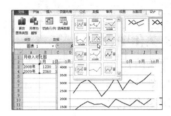

3 修改标题

套用图表布局后，可对图表元素进行修改，如将标题修改为"月收入对比图"，如下图所示。

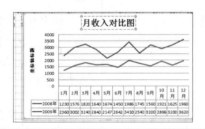

5.5.4 插入迷你图

在单元格中创建迷你折线图的具体步骤如下。

1 打开工作簿

打开随书光盘中的"素材\ch05\销售业绩表.xlsx"工作簿。

2 插入折线迷你图

单击【插入】选项卡下【迷你图】组中的【折线图】按钮，弹出【创建迷你图】对话框，在【数据范围】文本框中选择引用数据单元格区域，在【位置范围】文本框中选择插入折线迷你图的目标位置单元格区域，单击【确定】按钮。

3 创建其他月份折线迷你图

即可创建迷你折线图，使用同样的方法，创建其他月份的折线迷你图。另外，也可以把鼠标指针放在创建好折线迷你图的单元格右下角，待鼠标指针为**+**形状时，拖动鼠标创建其他月份的折线迷你图。

提示 如果使用填充方式创建迷你图，修改其中一个迷你图时，其他也随之变化。

5.6 实战演练——制作损益分析表

本节视频教学时间 / 8分钟

损益表又称为利润表，是指反映企业在一定会计期的经营成果及其分配情况的会计报表，是一段时间内公司经营业绩的财务记录，反映了这段时间的销售收入、销售成本、经营费用及税收状况，报表结果为公司实现的利润或形成的亏损。

第1步：创建柱形图表

柱形图把每个数据显示为一个垂直柱体，高度与数值相对应，值的刻度显示在垂直轴线的左侧。创建柱形图可以设置多个数据系列，每个数据系列以不同的颜色表示。具体操作步骤如下。

1 选择单元格

打开随书光盘中的"素材\ch05\损益分析表.xlsx"工作簿，选择单元格区域A3:F12。

2 插入柱形图

单击【插入】选项卡下【图表】选项组中的【柱形图】按钮，在弹出的列表中选择【簇状柱形图】选项，即可插入柱形图，并将图表调整到合适大小。

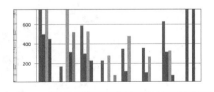

第2步：添加图表标签

在图表中添加图表标签，可以使图表更加直观、明了地表达数据内容。

1 选择【图表上方】选项

　　选择图表，单击【图表工具】➤【布局】选项卡下【标签】选项组中的【图表标题】按钮 的下拉按钮，在弹出的列表中选择【图表上方】选项。

2 更改标题

　　将标题改为"损益分析表"，如下图所示。

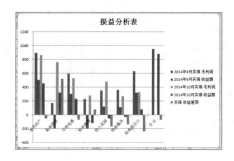

3 添加数据标签

　　在【标签】选项组中单击【数据标签】按钮 **数据标签**，在弹出的下拉列表中选择【数据标签内】选项。

4 选择【显示模拟运算表】选项

　　即可为图表添加数据标签，然后单击【模拟运算表】按钮 **模拟运算表**，在弹出的下拉列表中选择【显示模拟运算表】选项。

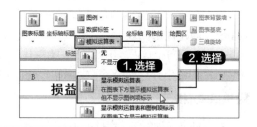

5 显示效果

　　使用显示模拟运算表，效果如下图所示。

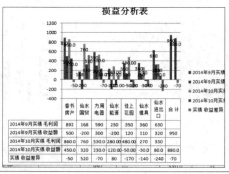

第3步：设置图表形状样式

　　为使图表美观，可以设置图表的形状样式。Excel 2010提供了多种图表样式。具体操作步骤如下。

1 选择图表样式

选中图表，在【设计】选项卡下，单击【图表样式】组中的【其他】按钮，在弹出的图表样式中，单击任意一个样式即可套用。如这里选择【样式10】。

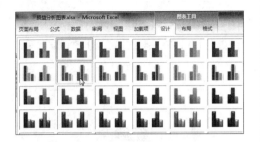

2 选择形状填充

选择绘图区，单击【图表工具】➤【格式】选项卡下【形状样式】组中的【形状填充】按钮右侧的下拉按钮，在弹出的列表中选择【纹理】➤【再生纸】选项，应用于图表，效果如下图所示。

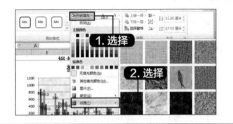

3 填充图表背景

选择图表，单击【形状填充】➤【渐变】➤【从右下角】选项，填充图表背景，如下图所示。

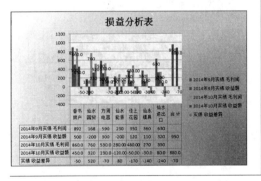

4 设置艺术字

选择图表标题文字，单击【艺术字样式】组中的【快速样式】按钮，在弹出的列表中选择艺术字样式，选择【填充-橙色，强调文字颜色 6，轮廓-强调文字颜色 6，发光-强调文字颜色6】样式。

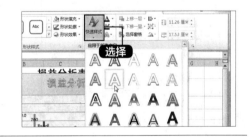

5 设置文字效果

单击【文字效果】按钮，设置文字效果为"紧密印象，接触"，并调整文字大小，最终效果如下图所示。

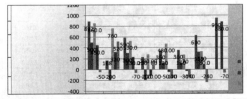

至此，一份完整的损益分析表就制作完成了。

高手私房菜

技巧：巧用【F5】键定位功能

利用【F5】键可以将选择的工作表区域进行定位，比如定位空值、对象等。具体操作如下。

1 选择单元格

选择要定位的单元格区域。

	A	B	C	D	E
1	支出明细表				
2	项目	2012学年度	经费支出	2013学年度	经费支出
3	行政管理支出	12,000	1,200	10,000	
4	教学研究及训辅支出	13,000	2,470	12,000	2,160
5	奖助学金支出	10,000	1,200	10,000	1,200
6	推广教育支出	10,000	800	15,000	1,350
7	财务支出	12,000		10,000	1,000
8	其他支出	13,000	2,080	13,000	1,950
9	幼儿园支出	15,000	1,950	15,000	1,800

2 开始定位

按【F5】键，弹出【定位】对话框，单击【定位条件】按钮。

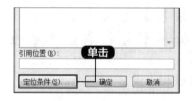

3 定位空值

在弹出的【定位条件】对话框中选中"空值"选项，单击【确定】按钮。

4 选中所有空值

所选的单元格区域中只要是空格的单元格都会被选中。

	A	B	C	D	E
1	支出明细表				
2	项目	2012学年度	经费支出	2013学年度	经费支出
3	行政管理支出	12,000	1,200	10,000	
4	教学研究及训辅支出	13,000	2,470	12,000	2,160
5	奖助学金支出	10,000	1,200	10,000	1,200
6	推广教育支出	10,000	800	15,000	1,350
7	财务支出	12,000		10,000	1,000
8	其他支出	13,000	2,080	13,000	1,950
9	幼儿园支出	15,000	1,950	15,000	1,800

5 处理空值

如果要批量处理这些空值，如将空值都输入内容"无"，输入"无"字后按【Ctrl+Enter】组合键，所有的空白单元格将全部录入"无"字，如下图所示。

	A	B	C	D	E
1	支出明细表				
2	项目	2012学年度	经费支出	2013学年度	经费支出
3	行政管理支出	12,000	1,200	10,000	无
4	教学研究及训辅支出	13,000	2,470	12,000	2,160
5	奖助学金支出	10,000	1,200	10,000	1,200
6	推广教育支出	10,000	800	15,000	1,350
7	财务支出	12,000	无	10,000	1,000
8	其他支出	13,000	2,080	13,000	1,950
9	幼儿园支出	15,000	1,950	15,000	1,800

第6章

公式和函数的应用

灵活使用公式和函数可以大大提高数据分析的能力和效率，本章将介绍公式和函数的概念、单元格引用、运算符、快速计算、公式的输入和编辑、函数的输入和编辑以及常用函数等内容。

学习效果图

	F2		fx	=NOT(C2>25)	
	B	C	D	E	F
1	性别	年龄	学历	求职意向	筛选
2	女	25	本科	经理助理	TRUE
3	女	23	本科	经理助理	TRUE
4	男	28	大专	经理助理	FALSE
5	男	21	本科	经理助理	TRUE
6	女	31	硕士	经理助理	FALSE
7	男	29	大专	经理助理	FALSE
8	女	20	大专	经理助理	TRUE
9	男	24	本科	经理助理	TRUE
10	男	25	本科	经理助理	TRUE
11					
12					
13					
14					

	F	G	
1	基本业绩奖金	累计业绩奖金	
2	¥5,460.00	¥18,000.00	
3	¥4,620.00	¥5,000.00	
4	¥8,270.00	¥5,000.00	
5	¥4,536.00	¥18,000.00	
6	¥23,646.00	¥18,000.00	
7	¥0.00	¥18,000.00	¥18,000.00
8	¥1,188.00	¥18,000.00	¥19,188.00
9	¥3,642.80	¥18,000.00	¥21,642.80
10	¥4,944.80	¥5,000.00	¥9,944.80
11			

业绩管理 / 业绩奖金标准 / 业绩奖

6.1 认识公式与函数

本节视频教学时间 / 11分钟

在Excel 2010中，应用公式可以帮助分析工作表中的数据，例如对数值进行加、减、乘、除等运算。而函数有着非常强大的计算功能，为用户分析和处理工作表中的数据提供了很大的方便。

6.1.1 公式的概念

公式就是一个等式，是由一组数据和运算符组成的序列。使用公式时必须以等号"="开头，后面紧接数据和运算符。

下面举几个公式的例子。

=15+35

=SUM（B1：F6）

=现金收入-支出

上面的例子体现了Excel公式的语法，即公式以等号"="开头，后面紧接着运算数和运算符，运算数可以是常数、单元格引用、单元格名称和工作表函数等。

在单元格中输入公式，可以进行计算，然后返回结果。公式使用数学运算符来处理数值、文本、工作表函数以及其他的函数，在一个单元格中计算出一个数值。数值和文本可以位于其他的单元格中，这样可以方便地更改数据，赋予工作表动态特征。在更改工作表中的数据的同时让公式来做这个工作，用户可以快速地查看多种结果。

输入单元格中的数据由下列几个元素组成。

（1）运算符，例如"+"（相加）或"*"（相乘）。

（2）单元格引用（包含了定义了名称的单元格和区域）。

（3）数值和文本。

（4）工作表函数（例如SUM函数或AVERAGE函数）。

6.1.2 函数的概念

Excel中所提到的函数其实是一些预定义的公式，它们使用一些被称为参数的特定数值按特定的顺序或结构进行计算。每个函数描述都包括一个语法行，它是一种特殊的公式，所有的函数必须以等号"="开始，它是预定义的内置公式，必须按语法的特定顺序进行计算。

1.函数的组成

在Excel中，一个完整的函数式通常由3部分构成，分别是标识符、函数名称、函数参数，其格式如下。

(3) 标识符

在单元格中输入计算函数时，必须先输入"="，这个"="称为函数的标识符。如果不输入"="，Excel通常将输入的函数式作为文本处理，不返回运算结果。

(2) 函数名称

函数标识符后的英文是函数名称。大多数函数名称是对应英文单词的缩写。例如，求和用"SUM"表示，最大值用"MAX"表示。有些函数名称是由多个英文单词（或缩写）组合而成的，例如条件求和函数SUMIF是由求和SUM和条件IF组成的。

(3) 函数参数

函数参数主要有以下几种类型。

● 常量参数

常量参数主要包括数值（如123.45）、文本（如计算机）和日期（如2013-5-25）等。

● 逻辑值参数

逻辑值参数主要包括逻辑真（TRUE）、逻辑假（FALSE）以及逻辑判断表达式（例如，单元格A3不等于空表示为"A3<>0"）的结果等。

● 单元格引用参数

单元格引用参数主要包括单个单元格的引用和单元格区域的引用等。

● 名称参数

在工作簿文档中各个工作表中自定义的名称，可以作为本工作簿内的函数参数直接引用。

● 其他函数式

用户可以用一个函数式的返回结果作为另一个函数式的参数。对于这种形式的函数式，通常称为"函数嵌套"。

● 数组参数

数组参数可以是一组常量（如2、4、6），也可以是单元格区域的引用。

2. 插入函数

【插入函数】对话框为用户提供了一个使用半自动方式输入函数及其参数的方法。使用【插入函数】对话框可以保证正确的函数拼写，以及顺序正确且确切的参数个数。

打开【插入函数】对话框有以下3种方法。

（1）在【公式】选项卡中，单击【函数库】选项组中的【插入函数】按钮。

（2）单击编辑栏中的【插入】按钮。

（3）按【Shift+F3】组合键。

6.2 公式

本节视频教学时间 / 10分钟

输入公式时，以等号"="作为开头，以提示Excel单元格中含有公式而不是文本。在公式中可以包含各种算术运算符、常量、变量、函数、单元格地址等。本节主要介绍公式的输入与编辑。

6.2.1 输入公式

在单元格中输入公式的方法可分为手动输入和单击输入。

1. 手动输入

手动输入公式是指用户用手动来输入公式。在选定的单元格中输入"="，并输入公式"3+5"。输入时字符会同时出现在单元格和编辑栏中，按【Enter】键后该单元格会显示出运算结果"8"。

2. 单击输入

单击输入公式更加简单、快捷，也不容易出错。这种方法仍然有一些手动输入的地方，不过用户可以直接单击单元格引用，而不是完全靠手动输入。例如，在单元格C1中输入公式"=A1+B1"，可以按照以下步骤进行单击输入。

1 在单元格中输入公式

分别在A1、B1单元格中输入"3"和"5"，选择C1单元格，输入"="。

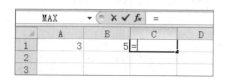

2 单击单元格A1

单击单元格A1，单元格周围会显示一个活动虚框，同时单元格引用会出现在单元格C1和编辑栏中。

3 输入"加号"

输入"加号（+）"，单击单元格B1。单元格A1的虚线边框会变为实线边框。

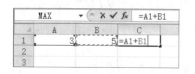

4 显示效果

按【Enter】键后效果如下图所示。

6.2.2 审核和编辑公式

在进行数据运算时，如果发现输入的公式有误，可以对其进行编辑。而利用Excel提供的审核功能，可以方便地检查工作表中涉及公式的单元格之间的关系。

1. 审核公式

当公式使用引用单元格或从属单元格时，检查公式的准确性或查找错误的根源会很困难，而Excel提供有帮助检查公式的功能。可以使用【追踪引用单元格】和【追踪从属单元格】按钮，以追踪箭头显示或追踪单元格之间的关系。追踪单元格的具体操作步骤如下。

1 输入公式

新建一个文档，分别在A1、B1单元格中输入"45"和"51"，在C1单元格中输入公式"=A1+B1"，按【Enter】键计算出结果。

C1		fx	=A1+B1
	A	B	C
1	45	51	96
2			
3			

2 选择【追踪引用单元格】按钮

选中C1单元格，单击【公式】选项卡下【公式审核】选项组中的【追踪引用单元格】按钮 追踪引用单元格 。

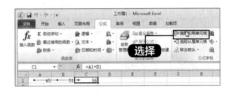

3 选择【追踪从属单元格】按钮

在C1单元格中按【Ctrl+C】组合键，在D1单元格中按【Ctrl+V】组合键完成复制。选中C1单元格，单击【公式】选项卡下【公式审核】选项组中的【追踪从属单元格】按钮 追踪从属单元格 。

4 完成追踪

要移去工作表上的所有追踪箭头，单击【公式】选项卡下【公式审核】选项组中的【移去箭头】按钮 移去箭头 ，或单击【移去箭头】按钮 移去箭头 右侧的下拉按钮，在弹出的下拉菜单中选择【移去箭头】选项即可。

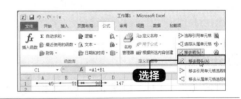

提示 　使用Excel提供的审核功能，还可以进行错误检查和监视窗口等，这里不再一一赘述。

2. 编辑公式

在进行数据运算时，如果发现输入的公式有误，可以对其进行编辑，具体操作步骤如下。

1 输入公式

新建一个文档，输入如下图所示内容，在C1单元格中输入公式"=A1+B1"，按【Enter】键计算出结果。

C1		fx	=A1+B1
	A	B	C
1	5	6	11
2			
3			

2 修改公式

选择C1单元格，在编辑栏中对公式进行修改，如将"=A1+B1"改为"=A1*B1"。按【Enter】键完成修改，结果如下图所示。

C1		fx	=A1*B1
	A	B	C
1	5	6	30
2			
3			
4			

6.2.3 使用公式计算字符

公式中不仅可以进行数值的计算，还可以进行字符的计算，具体操作步骤如下。

1 新建文档

新建一个文档，输入如下图所示内容。

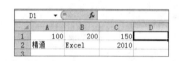

2 输入公式

选择单元格D1，在编辑栏中输入"=(A1+B1)/C1"。

SUM		✗ ✓ fx	=(A1+B1)/C1	
	A	B	C	D	E
1	100	200	150	=(A1+B1)/C1	
2	精通	Excel	2010		

3 计算结果

按【Enter】键，在单元格D1中即可计算出公式的结果并显示为"2"。

D1		fx	=(A1+B1)/C1
	A	B	C	D
1	100	200	150	2
2	精通	Excel	2010	
3				

4 输入公式

选择单元格D2，在编辑栏中输入"="；单击单元格A2，在编辑栏中输入"&"；单击单元格B2，输入"&"；单击单元格C2，编辑栏中显示"=A2&B2&C2"。

SUM		✗ ✓ fx	=A2&B2&C2
	A	B	C	D
1	100	200	150	2
2	精通	Excel	2010	=A2&B2&C2
3				

5 计算结果

按【Enter】键，在单元格D2中会显示"精通Excel2010"，这是公式"=A2&B2&C2"的计算结果。

	A	B	C	D
1	100	200	150	2
2	精通	Excel	2010	精通Excel2010
3				

6.3 函数

本节视频教学时间 / 48分钟

Excel函数是一些已经定义好的公式，大多数函数是经常使用的公式的简写形式。函数通过参数接收数据并返回结果。大多数情况下返回的是计算的结果，也可以返回文本、引用、逻辑值或数组等。

6.3.1 函数的输入与修改

输入函数后，可以对函数进行相应的修改。在Excel 2010中，输入函数的方法有手动输入和使用函数向导输入两种方法。

手动输入和输入普通的公式一样，这里不再介绍。下面介绍使用函数向导输入函数，具体的操作步骤如下。

1. 输入函数

1 新建文档

启动Excel 2010，新建一个空白文档，在单元格A1中输入"-100"。

	A	B
1	-100	
2		
3		
4		

2 插入函数

选择B1单元格，单击【公式】选项卡下【函数库】选项组中的【插入函数】按钮 fx，弹出【插入函数】对话框。在对话框的【或选择类别】下拉列表框中选择【数学与三角函数】选项，在【选择函数】列表框中选择【ABS】选项（绝对值函数），列表框下方会出现关于该函数的简单提示，单击【确定】按钮。

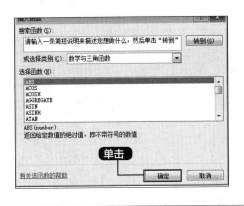

3 输入内容

弹出【函数参数】对话框，在【Number】文本框中输入"A1"，单击【确定】按钮。

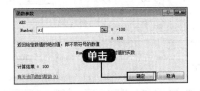

4 求出绝对值

单元格A1的绝对值即可求出，并显示在单元格B1中。

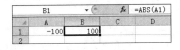

提示 对于函数参数，可以直接输入数值、单元格或单元格区域引用，也可以用鼠标在工作表中选定单元格或单元格区域。

2. 修改函数

如果要修改函数表达式，可以选定修改函数所在的单元格，将光标定位在编辑栏中的错误处，利用【Delete】键或【Backspace】键删除错误内容，然后输入正确内容即可。如果是函数的参数输入有误，选定函数所在的单元格，单击编辑栏中的【插入函数】按钮 fx，再次打开【函数参数】对话框，重新输入正确的函数参数即可。

6.3.2 文本函数

文本函数是在公式中处理文字串的函数，主要用于查找、提取文本中的特定字符，转换数据类型，以及结合相关的文本内容等。本节主要介绍几种常见的文本函数。

1. LEN：返回文本字符串中的字符数

LEN函数用于返回文本字符串中的字符数。

语法：LEN(text)

参数：text表示要查找其长度的文本，或包含文本的列。空格作为字符计数。

正常的手机号码是由11位数字组成的，验证信息登记表中的手机号码的位数是否正确，可以使用LEN函数。

1 验证手机号码的位数

打开随书光盘中的"素材\ch06\信息登记表.xlsx"工作簿，选择D2单元格，在公式编辑栏中输入"=LEN(C2)"，按【Enter】键即可验证该员工手机号码的位数。

2 验证其他手机号码位数

利用快速填充功能，完成对其他员工手机号码位数的验证。

	A	B	C	D
1	姓名	学历	联系方式	验证
2	赵江	本科	136XXXX5678	11
3	刘艳云	大专	150XXXX1230	11
4	张建国	硕士	158XXXX6699	11
5	杨树	本科	010XXXX123	10
6	王凡	本科	137XXXX1234	11
7	周凯	大专	0375XXXX520	11

提示　如果要返回是否为正确的手机号码位数，可以使用IF函数结合LEN函数来判断，公式为 "=IF(LEN(C2)=11,"正确","不正确")"。

2. FIND：返回一个字符串的起始位置

FIND函数用于查找文本字符串的函数。以字符为单位，查找一个文本字符串在另一个字符串中出现的起始位置编号。

语法：FIND(find_text,within_text,[start_num])。

参数：

find_text：表示要查找的文本或文本所在的单元格，输入要查找的文本需要用双引号引起来。find_text不允许包含通配符，否则返回错误值#VALUE!。

within_text：包含要查找的文本或文本所在的单元格，within_text中没有find_text，FIND则返回错误值#VALUE!。

start_num：指定开始进行查找的字符。within_text中的首字符是编号为 1 的字符。 如果省略start_num，则假定其值为1。

仓库中有两种商品，假设商品编号以A开头的为生活用品，以B开头的为办公用品。使用FIND函数可以判断商品的类型，商品编号以A开头的商品显示为"生活用品"，否则显示为"#VALUE!"。下面通过FIND函数来判断商品的类型。

1 显示商品类型

打开随书光盘中的"素材\ch06\判断商品的类型.xlsx"，选择单元格B2，在其中输入公式"=IF(FIND("A",A2)=1,"生活用品","")"，按【Enter】键，即可显示该商品的类型。

2 完成其他单元格操作

利用快速填充功能，完成其他单元格的操作。

6.3.3 逻辑函数

逻辑函数是根据不同条件进行不同处理的函数，条件格式中使用比较运算符指定逻辑式，并用逻辑值表示结果。

1. IF：根据逻辑测试值返回结果

IF函数是根据指定的条件来判断其"真"（TRUE）、"假"（FALSE），从而返回其相对应的内容。

语法：IF(logical_test,value_if_true,value_if_false)

参数：

logical_test：表示逻辑判决表达式。

value_if_true：表示当判断条件为逻辑"真"（TRUE）时，显示该处给定的内容。如果忽略，返回"TRUE"。

value_if_false：表示当判断条件为逻辑"假"（FALSE）时，显示该处给定的内容。如果忽略，返回"FALSE"。

在对员工进行绩效考核评定时，可以根据员工的业绩来分配奖金。例如当业绩大于或等于10 000时，给予奖金2 000元，否则给予奖金1 000元。

1 计算员工奖金

打开随书光盘中的"素材\ch06\员工业绩表.xlsx"工作簿，在单元格C2中输入公式"=IF(B2>=10000,2000,1000)"，按【Enter】键即可计算出该员工的奖金。

	A	B	C	D	E
C2			=IF(B2>=10000,2000,1000)		
1	姓名	业绩	奖金		
2	季磊	15000	2000		
3	王思思	8900			

2 计算其他员工奖金

利用填充功能，填充其他单元格，计算其他员工的奖金。

	A	B	C
1	姓名	业绩	奖金
2	季磊	15000	2000
3	王思思	8900	1000
4	赵岩	11200	2000
5	王磊	7500	1000
6	刘阳	6740	1000
7	张瑞	10530	2000

2. AND：判断多个条件是否同时成立

AND为返回逻辑值函数，如果所有参数值为逻辑"真（TRUE）"，则返回逻辑值"真（TRUE）"，反之则返回逻辑值"假（FALSE）"。

语法：AND(logical1,logical2,...)

参数：logical1,logical2,...表示待测试的条件值或表达式，最多为255个。

每个人4个季度销售计算机的数量均大于100台为完成工作量，否则为没有完成工作量。这里使用【AND】函数判断员工是否完成工作量。

---

1 显示员工完成工作信息

打开随书光盘中的"素材\ch06\任务完成情况表.xlsx"工作簿，在单元格F3中输入公式"=AND（B3>100,C3>100,D3>100,E3>100）"，按【Enter】键即可显示完成工作量的信息。

提示 在公式"=AND（B3>100,C3>100,D3>100,E3>100）"中，"B3>100""C3>100""D3>100""E3>100"同时作为AND函数的判断条件，只有同时成立，返回TRUE，否则返回FALSE。

2 判断其他员工工作量完成情况

利用快速填充功能，判断其他员工工作量的完成情况。

提示 TRUE函数和FALSE函数作为逻辑值函数，主要用来判断返回参数的逻辑值。能够产生或返回逻辑值的情况有比较运算符、IS类信息函数以及逻辑判断函数等。

FALSE函数和TRUE函数是一个对立参数，一般情况下同时作为其他函数的参数出现。如在本例中，TRUE和FALSE同时作为判断结果对立出现。

6.3.4 财务函数

使用财务函数可以进行常用的财务计算，如确定贷款的支付额、投资的未来值或净现值，以及债券或息票的价值等。

1. RATE：返回年金的各期利率

RATE函数表示返回未来款项的各期利率。

语法：RATE(nper,pmt,pv,fv,type,guess)

参数：

nper：是总投资（或贷款）期。

pmt：是各期所应付给（或得到）的金额。

pv：是一系列未来付款当前值的累积和。

fv：是未来值，或在最后一次支付后希望得到的现金余额。

type：是数字0或1，用以指定各期的付款时间是在期初还是期末，0为期末，1为期初。

guess：为预期利率（估计值），如果省略预期利率，则假设该值为10%，如果函数RATE不收敛，则需要改变guess的值。通常情况下当guess位于0和1之间时，函数RATE是收敛的。

通过RATE函数，可以计算出贷款后的年利率和月利率，从而选择更合适的还款方式。

1 计算贷款的年利率

打开随书光盘中的"素材\ch06\贷款利率.xlsx"工作簿，在B4单元格中输入公式"=RATE(B2,C2,A2)"，按【Enter】键，即可计算出贷款的年利率。

	A	B	C	D
	总贷款项（万元）	借款期限（年）	每年支付（万元）	每月支付（万元）
1				
2	10	4	-4	-0.4
3				
4		年利率：	21.86%	

2 计算贷款的月利率

在单元格B5中输入公式"=RATE(B2*12,D2,A2)"，即可计算出贷款的月利率。

	A	B	C	D
1	总贷款项（万元）	借款期限（年）	每年支付（万元）	每月支付（万元）
2	10	4	-4	-0.4
3				
4		年利率：	21.86%	
5		月利率：	3.06%	

2.PV：返回投资的现值

PV函数用于计算投资的现值。现值为一系列未来付款的当前值的累积和。

语法：PV（rate,nper,pmt,fv,type）

参数：

rate：为各期利率。

nper：为总投资期。

pmt：为各期所应支付的金额，其数值在整个年金期间保持不变，选用该参数将用于年金计算，如果忽略则必须包含fv参数。

fv：为未来值，或在最后一次支付后希望得到的现金余额，如果省略则假设其值为零，如果忽略该参数则必须包含pmt参数。

type：为数字0或1，数字0表示各期的存款时间是在期末，数字1表示在期初。

如果投资一项保险，每月月底支付800元，投资回报率为8.70%，投资年限为18年，使用PV函数可以计算出投资的年金现值。

1 输入公式

打开随书光盘中的"素材\ch06\年金现值.xlsx"工作簿，在B5单元格中输入公式"=PV(B1/12,B2*12,B3)"。

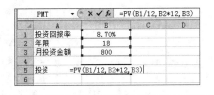

2 计算年金现值

按【Enter】键确认，即可计算出年金现值。

	A	B
1	投资回报率	8.70%
2	年限	18
3	月投资金额	800
4		
5	投资年金现值	¥-87,165.53
6		
7		
8		
9		
10		

6.3.5 时间与日期函数

日期和时间函数主要用来获取相关的日期和时间信息，经常用于日期的处理。其中，"=NOW()"可以返回当前系统的时间，"=YEAR()"可以返回指定日期的年份等，本节主要介绍几种常见的日期和时间函数。

1. DATE：返回特定日期的年、月、日

DATE函数用于表示特定日期的连续序列号。在通过公式或单元格引用提供年月日时，DATE函数最为有用。例如，可能有一个工作表所包含的日期使用了Excel无法识别的格式（如YYYYMMDD）。

语法：DATE(year,month,day)

参数：year为指定的年份数值（小于9999），month为指定的月份数值（不大于12），day为指定的天数。

某公司从2014年开始销售饮品，在2014年1月到2014年5月进行了各种促销活动，领导想知道各种促销活动的促销天数，此时可以利用DATE函数计算。

1 计算"促销天数"

打开随书光盘中的"素材\ch06\产品促销天数.xlsx"工作簿，选择单元格H4，在其中输入公式"=DATE(E4,F4,G4)-DATE(B4,C4,D4)"，按【Enter】键，即可计算出"促销天数"。

2 完成其他单元格操作

利用快速填充功能，完成其他单元格的操作。

2. YEAR：返回某日对应的年份

YEAR函数是用于返回某日对应的年份函数。显示日期值或日期文本的年份，返回值的范围为1900~9999的整数。

语法：YEAR(serial_number)

参数：serial_number为一个日期值，其中包含需要查找年份的日期。

公司一般会根据员工的工龄来发放工龄工资，可以使用YEAR函数计算出员工的工龄。

1 输入公式

打开随书光盘中的"素材\ch06\员工工龄表.xlsx"工作簿，在C3单元格中输入公式"=YEAR(TODAY())-YEAR(B3)"，按【Enter】键，显示结果为"1900/1/3"，这是因为单元格的默认格式是日期格式，需要设置单元格的格式。

2 选择【设置单元格格式】选项

选择C3单元格，单击鼠标右键，在弹出的快捷菜单中选择【设置单元格格式】选项。

3 设置单元格格式

弹出【设置单元格格式】对话框，选择【数字】选项卡，在【分类】列表框中选择【常规】选项，单击【确定】按钮。

4 计算结果

即可计算出该员工的工龄为"3"。

> **提示** 也可以使用【Ctrl+Shift+~】组合键快速将日期格式转换为常规格式。如果要将常规格式转换为日期格式，可以使用【Ctrl+Shift+#】组合键。

5 计算其他员工工龄

利用填充功能，填充其他单元格，计算其他员工的工龄。

6.3.6 查找与引用函数

Excel提供的查找和引用函数可以在单元格区域查找或引用满足条件的数据，特别是在数据比较多的工作表中，用户不需要指定具体的数据位置，让单元格数据的操作变得更加灵活。

CHOOSE：根据索引值返回参数清单中的数值

CHOOSE函数用于从给定的参数中返回指定的值。

语法：CHOOSE(index_num,value1,[value2],...)

参数：

index_num：必要参数，数值表达式或字段，它的运算结果是一个数值，且界于1和254之间的数字。或者为公式或对包含1到254之间某个数字的单元格的引用。

value1,value2,...：value1是必需的，后续值是可选的。这些值参数的个数介于1到254之间，函数CHOOSE基于index_num从这些值参数中选择一个数值或一项要执行的操作。参数可以为数字、单元格引用、已定义名称、公式、函数或文本。

使用CHOOSE函数可以根据工资表生成员工工资单，具体操作步骤如下。

1 输入公式

打开随书光盘中的"素材\ch06\工资条.xlsx"工作簿，在A9单元格中输入公式 "=CHOOSE(MOD(ROW(A1),3)+1,"",A\$1,OFFSET(A\$1,ROW(A2)/3,))"，按【Enter】键确认。

提示

> 在公式 "=CHOOSE(MOD(ROW(A1),3)+1,"",A\$1,OFFSET(A\$1,ROW(A2)/3,))" 中，
> MOD(ROW(A1),3)+1表示单元格A1所在的行数除以3的余数结果加1后，作为index_num
> 参数，Value1为 ""，Value2为 "A\$1"，Value3为 "OFFSET(A\$1,ROW(A2)/3,)"。
> OFFSET(A\$1,ROW(A2)/3,)返回的是在A\$1的基础上向下移动ROW(A2)/3行的单元格内容。公式
> 中以3为除数求余是因为工资表中每个员工占有3行位置，第1行为工资表头，第2行为员工信息，
> 第3行为空行。

2 填充单元格

利用填充功能，填充单元格区域A9:F9。

3 填充其他单元格

再次利用填充功能，填充单元格区域
A10:F25。

6.3.7 数学与三角函数

数学与三角函数主要用于在工作表中进行数学运算，使用数学与三角函数可以使数据的处理更
加方便和快捷。

SUMIF：根据指定条件对若干单元格求和

使用SUMIF函数可以对区域中符合指定条件的值求和。例如，假设在含有数字的某一列中，
需要对大于5的数值求和，就可以采用如下公式。

=SUMIF(B2:B25,">5")

语法：SUMIF (range,criteria,sum_range)

参数：

range：用于条件计算的单元格区域，每个区域中的单元格都必须是数字或名称、数组或包含
数字的引用，空值和文本值将被忽略。

criteria：用于确定对哪些单元格求和的条件，其形式可以为数字、表达式、单元格引用、文
本或函数。例如，条件可以表示为32、">32"、B5、32、"32"或TODAY()等。

sum_range：要求和的实际单元格（如果要对未在 range 参数中指定的单元格求和）。如果
省略sum_range参数，Excel 会对在范围参数中指定的单元格（即应用条件的单元格）求和。

在记录日常消费的工作表中，可以使用SUMIF函数计算出每月生活费用的支付总额，具体操
作步骤如下。

1 打开工作簿

打开随书光盘中的“素材\ch06\生活费用明细表.xlsx”工作簿。

D12 生活费用支付总额

	A	B	C	D
1	支付项目	项目类型	金额	
2	衣服	生活费用	500	
3	坐车	交通费用	100	
4	买电脑	其他	3500	
5	零食	生活费用	150	
6	日用品	生活费用	200	
7	化妆品	生活费用	350	
8	辅导班费用	其他	800	
9	饭钱	生活费用	800	
10	房租	生活费用	1500	
11	火车票	交通费用	80	
12				生活费用支付总额

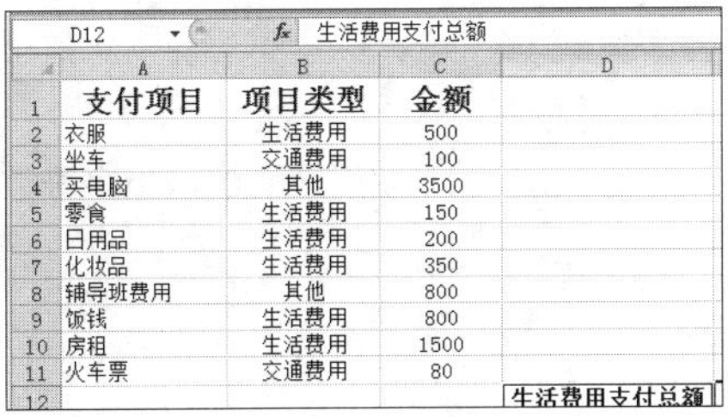

2 计算该月生活费用的支付总额

选择E12单元格，在公式编辑栏中输入公式“=SUMIF(B2:B11,"生活费用",C2:C11)”，按【Enter】键即可计算出该月生活费用的支付总额。

	B	C	D	E
1	项目类型	金额		
2	生活费用	500		
3	交通费用	100		
4	其他	3500		
5	生活费用	150		
6	生活费用	200		
7	生活费用	350		
8	其他	800		
9	生活费用	800		
10	生活费用	1500		
11	交通费用	80		

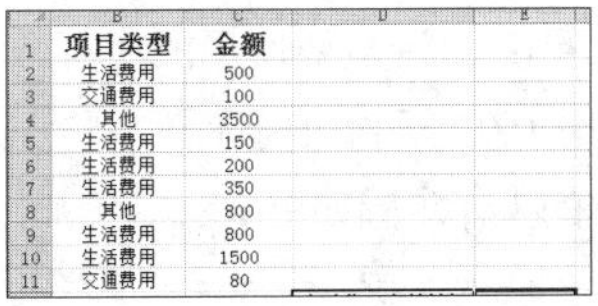

6.3.8 其他函数

除了上面列举的常用函数外，还有统计函数、工程函数、多维数据集函数、兼容性函数以及WEB函数等。

1. 统计函数

统计函数是从各个角度去分析数据，并捕捉统计数据的所有特征。使用MAX函数，可以快速计算出某一数据区域内的最大值，具体的操作步骤如下。

【MAX】函数

功能：MAX函数表示返回一组值中的最大值。

语法：MAX(number1,[number2],...)

参数：

number1,number2,...：number1是必需的，后续数值是可选的。这些是要从中找出最大值的1到255个数字参数。

使用MAX计算出龙马公司上半年笔记本电脑的最高销售金额，具体的操作步骤如下。

1 输入公式

打开随书光盘中的“素材\ch06\最高销售额.xlsx”工作簿，在C11单元格中输入公式“=MAX(B4:E9)”。

2	产品：笔记本			单位（万元）	
3	月份	华中	华东	华北	华南
4	1月	214	333	125	235
5	2月	423	222	542	236
6	3月	215	111	254	354
7	4月	321	444	236	651
8	5月	247	124	124	235
9	6月	547	523	141	217
10					
11	最高销		=MAX(B4:E9)		
12					

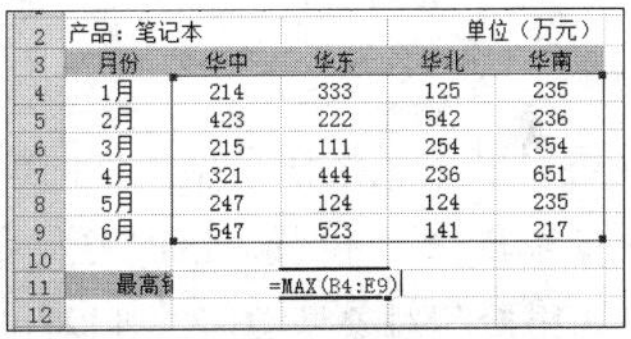

2 计算结果

按【Enter】键，即可计算出龙马公司在上半年笔记本电脑的最高销售额。

2	记本			单位（万元）	
3		华中	华东	华北	华南
4		214	333	125	235
5		423	222	542	236
6		215	111	254	354
7		321	444	236	651
8		247	124	124	235
9		547	523	141	217
10					
11	销售额		651		
12					

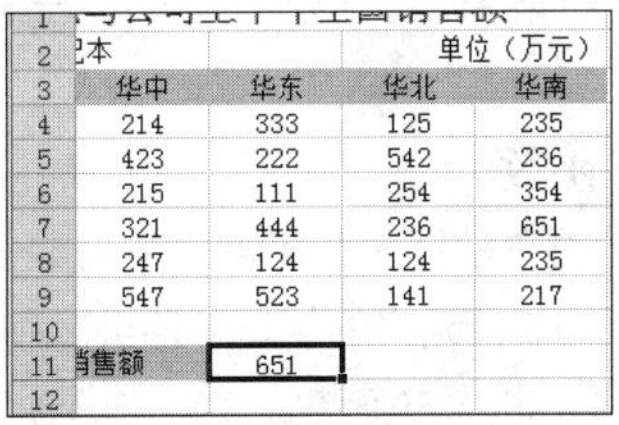

2. 工程函数

工程函数主要用于解决一些数学问题。如果能够合理地使用工程函数，可以极大地简化程序。可以使用DEC2BIN函数将十进制数转换为二进制数。

如果参数不是一个十进制语法的数字，函数则返回错误值#NAME？。

语法：DEC2BIN(number,[places])

参数：

number：必需。要转换的十进制整数。如果数字为负数，则忽略有效的place值，且DEC2BIN返回10个字符的（10位）二进制数，其中最高位为符号位。其余9位是数量位。负数用二进制补码记数法表示。

places：可选。要使用的字符数。如果省略places，则DEC2BIN使用必要的最小字符数。places可用于在返回的值前置0（零）。

具体的操作步骤如下。

1 打开工作簿

打开随书光盘中的"素材\ch06\DEC2BIN.xlsx"工作簿。

2 输入公式

选择 B 2 单元格，在其中输入"=DEC2BIN(A2)"。

3 转换进制

按【Enter】键确认，即可将十进制数"1"转换为二进制数"1"。

4 转换其他编码

将鼠标指针移到"B2"单元格的右下角，鼠标指针变成"+"字形状后，按住鼠标左键向下拖曳进行公式填充，即可将其他十进制编码转换为二进制编码。

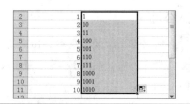

3. 信息函数

信息函数是用来获取单元格内容信息的函数。信息函数可以使单元格在满足条件时返回逻辑值，从而获取单元格的信息。还可以确定存储在单元格中的内容的格式、位置、错误类型等信息。本节介绍使用TYPE函数。TYPE函数用于检测数据的类型。如果检测对象是数值，则返回1；如果是文本，则返回2；如果是逻辑值，则返回4；如果是公式，则返回8；如果是误差值，则返回16；如果是数组，则返回64。

语法：TYPE(value)

参数：value可以为任意Mircrosoft Excel数据或引用的单元格。

具体的操作步骤如下。

1 打开工作簿

打开随书光盘中的"素材\ch06\TYPE.xlsx"工作簿。

2 输入公式

选择B2单元格，在其中输入"=TYPE(A2)"。

3 返回

按【Enter】键确认，返回"1"。

4 填充单元格

向下填充至B4单元格，即可看到不同数据的数据类型。

5 在B5单元格输入公式

在B5单元格中输入公式"=TYPE(A2+A3)"，按【Enter】键确认后则返回"16"。

6 在B6单元格输入公式

在B6单元格中输入公式"=TYPE({1,2,2,3})"，按【Enter】键确认后则返回"64"。

6.4 实战演练——制作销售奖金计算表

本节视频教学时间 / 8分钟

销售奖金计算表是公司根据每位员工每月或每年的销售情况计算月奖金或年终奖的表格。员工合理有效地统计销售业绩好，公司获得的利润就高，相应员工得到的销售奖金也就越多。人事部门合理有效地统计员工的销售奖金是非常必要和重要的，不仅能提高员工的待遇，还能充分调动员工的工作积极性，从而推动公司销售业绩的发展。

第1步：使用【SUM】函数计算累计业绩

1 计算该员工的累计业绩

打开随书光盘中的"素材\ch06\销售奖金计算表.xlsx"工作簿，包含3个工作表，分别为"业绩管理""业绩奖金标准"和"业绩奖金评估"。单击【业绩管理】工作表。选择单元格C3，在编辑栏中直接输入公式"=SUM(D3:O3)"，按【Enter】键即可计算出该员工的累计业绩。

2 复制公式到其他单元格

利用自动填充功能，将公式复制到该列的其他单元格中。

员工编号	姓名	累计业绩	1月	2月	3月
20130101	张光辉	670970	39300	53500	65670
20130102	李明明	399310	20010	22800	34500
20130103	胡亮亮	590750	32100	43200	23450
20130104	周广俊	697650	56700	34560	65490
20130105	刘大鹏	343700	38700	56700	23900
20130106	王冬梅	890820	43400	42400	42300
20130107	胡秋菊	681770	23400	23560	32490
20130108	李夏雨	686500	23460	34560	43890
20130109	张春歓	588500	56900	34500	32900

第2步：使用【VLOOKUP】函数计算销售业绩额和累计业绩额

1 单击工作表

单击"业绩奖金标准"工作表。

销售额分层	34999以下	35,000~49,999	50,000~79,999	80,000~119,999	120,000以上
销售基数	0	35000	50000	80000	120000
百分比	0	3%	7%	10%	15%

> **提示** "业绩奖金标准"主要有以下几条：单月销售额在34999及以下的，没有基本业绩奖；单月销售额在35000~49999之间的，按销售额的3%发放业绩奖金；单月销售额在50000~79999之间的，按销售额的7%发放业绩奖金；单月销售额在80000~119999之间的，按销售额的10%发放业绩奖金；单月销售额在120000及以上的，按销售额的15%发放业绩奖金，但基本业绩奖金不得超过48000；累计销售额超过600000的，公司给予一次性18000的奖励；累计销售额在600000及以下的，公司给予一次性5000的奖励。

2 查看销售业绩额

设置自动显示销售业绩额。单击"业绩奖金评估"工作表，选择单元格C2，在编辑栏中直接输入公式"=VLOOKUP(A2,业绩管理!\$A\$3:\$O\$11,15,1)"，按【Enter】键确认，即可看到单元格C2中自动显示员工"张光辉"12月份的销售业绩额。

员工编号	姓名	销售业绩额	奖金比例	累计
20130101	张光辉	78000		
20130102	李明明			
20130103	胡亮亮			
20130104	周广俊			
20130105	刘大鹏			
20130106	王冬梅			
20130107	胡秋菊			
20130108	李夏雨			
20130109	张春歓			

> **提示** 公式"=VLOOKUP(A2,业绩管理!\$A\$3:\$O\$11,15,1)"中第3格参数设置为"15"，表示取满足条件的记录在"业绩管理!\$A\$3:\$O\$11"区域中第15列的值。

❸ 设置自动显示累计业绩额

按照同样的方法设置自动显示累计业绩额。选择单元格E2，在编辑栏中直接输入公式"=VLOOKUP(A2,业绩管理!$A$3:$C$11,3,1)"，按【Enter】键确认，即可看到单元格E2中自动显示员工"张光辉"的累计销售业绩额。

	A	B	C	D	E
1	员工编号	姓名	销售业绩额	奖金比例	累计业绩额
2	20130101	张光辉	78000		￥670,970.00
3	20130102	李明明			

❹ 完成其他员工的计算

使用自动填充功能，完成其他员工的销售业绩额和累计销售业绩额的计算。

	A	B	C	D	E
1	员工编号	姓名	销售业绩额	奖金比例	累计业绩额
2	20130101	张光辉	78000		￥670,970.00
3	20130102	李明明	66000		￥399,310.00
4	20130103	胡亮亮	82700		￥590,750.00
5	20130104	周广俊	64800		￥697,650.00
6	20130105	刘大鹏	157640		￥843,700.00
7	20130106	王冬梅	21500		￥890,820.00
8	20130107	胡秋菊	39600		￥681,770.00
9	20130108	李夏雨	52040		￥686,500.00
10	20130109	张春歌	70640		￥588,500.00
11					

第3步：使用【HLOOKUP】函数计算奖金比例

❶ 计算该员工的奖金比例

选择单元格D2，输入公式"=HLOOKUP(C2,业绩奖金标准!$B$2:$F$3,2)"，按【Enter】键即可计算出该员工的奖金比例。

	A	B	C	D	E
1	员工编号	姓名	销售业绩额	奖金比例	累计业绩额
2	20130101	张光辉	78000	7%	￥670,970.00
3	20130102	李明明	66000		￥399,310.00
4	20130103	胡亮亮	82700		￥590,750.00
5	20130104	周广俊	64800		￥697,650.00
6	20130105	刘大鹏	157640		￥843,700.00
7		王冬梅	21500		

❷ 完成其他员工的计算

使用自动填充功能，完成其他员工的奖金比例计算。

	A	B	C	D	E
1	员工编号	姓名	销售业绩额	奖金比例	累计
2	20130101	张光辉	78000	7%	￥670
3	20130102	李明明	66000	7%	￥399
4	20130103	胡亮亮	82700	10%	￥590
5	20130104	周广俊	64800	7%	￥697
6	20130105	刘大鹏	157640	15%	￥843
7	20130106	王冬梅	21500	0%	￥890
8	20130107	胡秋菊	39600	3%	￥681

> **提示** 公式"=HLOOKUP(C2,业绩奖金标准!$B$2:$F$3,2)"中第3个参数设置为"2"，表示取满足条件的记录在"业绩奖金标准!$B$2:$F$3"区域中第2行的值。

第4步：使用【IF】函数计算基本业绩奖金和累计业绩奖金

❶ 输入公式

计算基本业绩奖金。在"业绩奖金评估"工作表中选择单元格F2，在编辑栏中直接输入公式"=IF(C2<=400000,C2*D2,"48,000")"，按【Enter】键确认。

	A	B	C	D
1	销售业绩额	奖金比例	累计业绩额	基本业绩奖金
2	78000	7%	￥670,970.00	￥5,460.00
3	66000	7%	￥399,310.00	
4	82700	10%	￥590,750.00	
5	64800	7%	￥697,650.00	
6	157640	15%	￥843,700.00	

❷ 完成其他员工的计算

使用自动填充功能，完成其他员工的销售业绩奖金的计算。

> **提示** 公式"=IF(C2<=400000,C2*D2,"48,000")"的含义为：当单元格数据小于等于400000时，返回结果为单元格C2乘以单元格D2，否则返回48000。

❸ 计算累计业绩奖金

使用同样的方法计算累计业绩奖金。选择单元格G2，在编辑栏中直接输入公式"=IF(E2>600000,18000,5000)"，按【Enter】键确认，即可计算出累计业绩奖金。

	奖金比例	累计业绩额	基本业绩奖金	累计业绩奖金
1	奖金比例	累计业绩额	基本业绩奖金	累计业绩奖金
2	7%	¥670,970.00	¥5,460.00	¥18,000.00
3	7%	¥399,310.00	¥4,620.00	
4	10%	¥590,750.00	¥8,270.00	
5	7%	¥697,650.00	¥4,536.00	

❹ 完成其他员工的计算

使用自动填充功能，完成其他员工的累计业绩奖金的计算。

G2 =IF(E2>600000,18000,5000)

	奖金比例	累计业绩额	基本业绩奖金	累计业绩奖金
1	奖金比例	累计业绩额	基本业绩奖金	累计业绩奖金
2	7%	¥670,970.00	¥5,460.00	¥18,000.00
3	7%	¥399,310.00	¥4,620.00	¥5,000.00
4	10%	¥590,750.00	¥8,270.00	¥5,000.00
5	7%	¥697,650.00	¥4,536.00	¥18,000.00
6	15%	¥843,700.00	¥23,646.00	¥18,000.00
7	0%	¥890,820.00	¥0.00	¥18,000.00
8	3%	¥681,500.00	¥1,188.00	¥18,000.00
9	7%	¥686,500.00	¥3,642.80	¥18,000.00
10	7%	¥588,500.00	¥4,944.80	¥5,000.00

第5步：计算业绩总奖金额

❶ 计算业绩总奖金额

在单元格H2中输入公式"=F2+G2"，按【Enter】键确认，计算出业绩总奖金额。

H2 =F2+G2

	基本业绩奖金	累计业绩奖金	业绩总奖金额
1	基本业绩奖金	累计业绩奖金	业绩总奖金额
2	¥5,460.00	¥18,000.00	¥23,460.00
3	¥4,620.00	¥5,000.00	
4	¥8,270.00	¥5,000.00	

❷ 计算所有员工业绩总奖金额

使用自动填充功能，计算出所有员工的业绩总奖金额。

至此，销售奖金计算表制作完毕，用户保存该表即可。

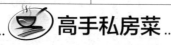

高手私房菜

技巧：逻辑函数间的混合运用

在使用"是""非""或"等逻辑函数时，默认情况下返回的是"TRUE"或"FALSE"等逻辑值，但是在实际工作和生活中，这些逻辑值的意义并非很大。所以，很多情况下，可以借助IF函数返回更有实际应用的结果，如返回"完成""未完成"等。

❶ 显示完成工作量的信息

打开随书光盘中的"素材\ch06\任务完成情况表.xlsx"工作簿，在单元格F3中输入公式"=IF(AND（B3>100,C3>100,D3>100,E3>100）,"完成","未完成")"，按【Enter】键即可显示完成工作量的信息。

F3 =IF(AND(B3>100,C3>100,D3>100),"完成",

	A	B	C	D	E	F
1	任务完成情况表					
2	姓名	第1季度	第2季度	第3季度	第4季度	是否完成工作量
3	马小亮	95	120	150	145	未完成
4	张君君	105	130	101	124	

❷ 判断其他员工完成情况

利用快速填充功能，判断其他员工工作量的完成情况。

	A	B	C	D	E	F
1	任务完成情况表					
2	姓名	第1季度	第2季度	第3季度	第4季度	是否完成工作量
3	马小亮	95	120	150	145	未完成
4	张君君	105	130	101	124	完成
5	刘三三	102	98	106	125	未完成
6						
7						

第7章
Excel的数据分析

使用Excel 2010可以对表格中的数据进行分析，便于用户观察数据，本章主要介绍Excel 2010中数据排序、数据筛选、条件格式的使用、设置数据的有效性、显示和分类汇总、合并运算、创建数据透视表以及数据透视图等的操作方法。

学习效果图

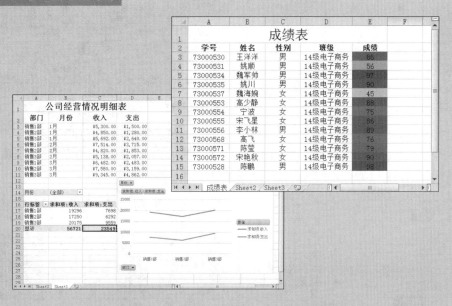

7.1 数据的筛选

本节视频教学时间 / 7分钟

Excel提供了较强的数据处理、维护、检索和管理功能，可以通过筛选功能快捷、准确地找出符合要求的数据，也可以通过排序功能将数据进行升序或降序排列。

7.1.1 自动筛选

自动筛选器提供了快速访问数据列表的管理功能。使用自动筛选命令时，可进一步选择使用单条件筛选和多条件筛选命令。

1.单条件筛选

所谓的单条件筛选，就是将符合一种条件的数据筛选出来。在期中考试成绩表中，将14计算机班的学生筛选出来，具体的操作步骤如下。

1 选择单元格

打开本书所附光盘中的"素材\ch07\期中考试成绩表.xlsx"工作簿，选择数据区域内的任意一个单元格。

2 自动筛选

在【数据】选项卡中，单击【排序和筛选】选项组中的【筛选】按钮，进入【自动筛选】状态，此时在标题行每列的右侧出现一个下拉按钮。

3 选择筛选条件

单击【班级】列右侧的下拉箭头，在弹出的下拉列表中取消【全选】复选框，选择【14计算机】复选框，单击【确定】按钮。

4 完成筛选

经过筛选后的数据清单如下图所示，可以看出仅显示了14计算机班学生的成绩，其他记录被隐藏。

2. 多条件筛选

多条件筛选就是将符合多个条件的数据筛选出来。将期中考试成绩表中英语成绩为60和70分的学生筛选出来的具体操作步骤如下。

1 选择单元格

打开本书所附光盘中的"素材\ch07\期中考试成绩表.xlsx"工作簿，选择数据区域内的任意一个单元格。

2 设置筛选条件

在【数据】选项卡中，单击【排序和筛选】选项组中的【筛选】按钮，进入【自动筛选】状态，此时在标题行每列的右侧出现一个下拉按钮。单击【英语】列右侧的下拉按钮，在弹出的下拉列表中取消【全选】复选框，选择【60】和【70】复选框，单击【确定】按钮。

3 完成筛选

筛选后的结果如下图所示。

7.1.2 高级筛选

如果要对字段设置多个复杂的筛选条件，可以使用Excel提供的高级筛选功能。将班级为14文秘的学生筛选出来的具体操作步骤如下。

1 输入公式

打开本书所附光盘中的"素材\ch07\期中考试成绩表.xlsx"工作簿，在L2单元格中输入"班级"，在L3单元格中输入公式"=""=14文秘"""，并按【Enter】键。

2 单击【排序和筛选】选项

在【数据】选项卡中，单击【排序和筛选】选项组中的【高级】按钮，弹出【高级筛选】对话框。

❸ 设置列表区域和条件区域

在对话框中分别单击【列表区域】和【条件区域】文本框右侧的按钮 ，设置列表区域和条件区域。

> **提示** 在选择【条件区域】时一定要包含【条件区域】的字段名，即L2单元格；还需要包含筛选条件，即L3单元格，条件为"=14文秘"。

❹ 完成筛选

设置完毕后，单击【确定】按钮，即可筛选出符合条件区域的数据。

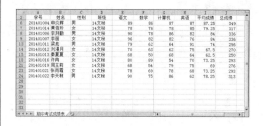

> **提示** 使用高级筛选功能之前应先建立一个条件区域。条件区域用来指定筛选的数据必须满足的条件。在条件区域中要求包含作为筛选条件的字段名，字段名下面必须有两个空行，一行用来输入筛选条件，另一行作为空行，用来把条件区域和数据区域分开。

7.2 数据的排序

本节视频教学时间 / 4分钟

Excel 2010提供了多种排序方法，用户可以根据需要进行简单排序或复杂排序。

7.2.1 简单排序

单条件排序可以根据一行或一列的数据对整个数据表按照升序或降序的方法进行排序。

❶ 选择单元格

打开本书所附光盘中的"素材\ch07\成绩单.xlsx"工作簿，如要按照总成绩由高到低进行排序，选择总成绩所在E列的任意一个单元格（如E4单元格）。

❷ 单击【降序】按钮

单击【数据】选项卡下【排序和筛选】组中的【降序】按钮 ，即可按照总成绩由高到低的顺序显示数据。

7.2.2 复杂排序

在打开的"成绩单.xlsx"工作簿中，如果希望按照文化课成绩由高到低进行排序，而文化课成绩相等时，则以体育成绩由高到低的方式显示时，就可以使用多条件排序。

1 单击【排序】按钮

在打开的"成绩单.xlsx"工作簿中，选择表格中的任意一个单元格（如C7），单击【数据】选项卡下【排序和筛选】组中的【排序】按钮。

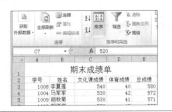

2 文化课排序

打开【排序】对话框，单击【主要关键字】后的下拉按钮，在下拉列表中选择【文化课成绩】选项，设置【排序依据】为【数值】，设置【次序】为【降序】。

3 体育成绩排序

单击【添加条件】按钮，新增排序条件，单击【次要关键字】后的下拉按钮，在下拉列表中选择【体育成绩】选项，设置【排序依据】为【数值】，设置【次序】为【降序】，单击【确定】按钮。

4 完成排序

返回至工作表，就可以看到数据按照文化课成绩由高到低的顺序进行排序，而文化课成绩相等时，则按照体育成绩由高到低进行排序。

提示　除了进行以上介绍的排序外，还可以根据需要按行、按列进行排序，在弹出的【排序】对话框中，单击【选项】按钮，在弹出的【排序选项】对话框中，可以选择按行、按列进行排序。

同时可以自定义序列，在【排序】选项卡【次序】下拉列表中选择【自定义序列】选项进行设置。

7.3 使用条件样式

本节视频教学时间 / 5分钟

在Excel 2010中可以使用条件格式，将符合条件的数据突出显示出来。

7.3.1 突出显示单元格效果

使用条件格式易于达到以下效果：突出显示所关注的单元格或单元格区域；强调异常值；使用数据条、颜色刻度和图标集来直观地显示数据，接下来以突出显示成绩大于等于90分的学生为例，进行介绍。

1 选择单元格

打开本书所附光盘中的"素材\ch07\成绩表.xlsx"工作簿，选择单元格区域E3:E15。

2 选择条件格式

在【开始】选项卡中，单击【样式】选项组中的【条件格式】按钮 条件格式 ，在弹出的下拉列表中选择【突出显示单元格规则】▶【大于】选项。

3 输入文本并填充颜色

在弹出的【大于】对话框的文本框中输入"89"，在【设置为】下拉列表中选择【黄填充色深黄色文本】选项。

4 显示结果

单击【确定】按钮，即可突出显示成绩优秀（大于等于90分）的学生。

7.3.2 新建条件格式

如果系统自带的条件格式没有合适的，还可以自定义条件格式，自定义条件格式的具体步骤如下。

1 选择单元格

打开本书所附光盘中的"素材\ch07\成绩表.xlsx"文件，选择E3:E15单元格区域。

2 设置条件格式

在【开始】选项卡中选择【样式】选项组中的【条件格式】按钮 条件格式 ，在下拉列表中选择【新建规则】选项，弹出【新建规则类型】对话框。在【格式样式】下拉列表中选择【双色刻度】选项，在【编辑规则说明】区域的【最小值】下方【颜色】下拉列表中选择【橙色】，在【最大值】下方【颜色】列表中选择【蓝色】，单击【确定】按钮。

3 显示结果

最终设置的条件格式如图所示。

7.4 设置数据的有效性

本节视频教学时间 / 8分钟

在向工作表中输入数据时，为了防止输入错误的数据，可以为单元格设置有效的数据范围，限制用户只能输入指定范围内的数据，这样可以极大地减小数据处理操作的复杂性。

在【数据】选项卡中，单击【数据工具】选项组中的【数据有效性】按钮 数据有效性 ，在弹出的下拉菜单中选择【数据有效性】选项，弹出【数据有效性】对话框。

【任何值】：默认选项，对输入数据不作任何限制，表示不使用数据有效性。

【整数】：指定输入的数值必须为整数。

【小数】：指定输入的数值必须为数字或小数。

【序列】：为有效性数据指定一个序列。

【时间】：指定输入的数据必须为时间。

【日期】：指定输入的数据必须为日期。

【文本长度】：指定有效数据的字符数。

【自定义】：使用自定义类型时，允许用户使用定义公式、表达式或引用其他单元格的计算值，来判定输入数据的有效性。

学生的学号通常都由固定位数的数字组成，可以通过设置学号的有效性来实现如果多输入一位或少输入一位数字，就会给出错误的提示，从而避免错误。

1 选择单元格

打开本书所附光盘中的"素材\ch07\学生成绩登记表.xlsx"工作簿，选择B2:B8单元格区域。

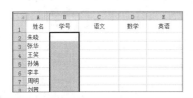

2 选择【数据有效性】按钮

在【数据】选项卡中，单击【数据工具】选项组中的【数据有效性】按钮 数据有效性，在弹出的下拉菜单中选择【数据有效性】选项，弹出【数据有效性】对话框。

3 设置对话框内容

选择【设置】选项卡，在【允许】下拉列表中选择【文本长度】，在【数据】下拉列表中选择【等于】，在【长度】文本框中输入"8"。

4 输入内容

选择【输入信息】选项卡，在【标题】和【输入信息】文本框中输入下图所示的内容。

5 继续输入内容

选择【出错警告】选项卡，在【样式】下拉列表中选择【警告】选项，在【错误信息】文本框中输入下图所示内容。输入完成后单击【确定】按钮。

6 单击单元格

单击B2:B8单元格区域的任意一个单元格时，就会提示下图所示的信息。

	A	B	C	D	E
1	姓名	学号	语文	数学	英语
2	朱晓				
3	张华				
4	王笑				
5	孙娟				
6	李丰		学号		
7	周明		应输入8位		
8	刘茜		数的学号		
9					

7 输入学号

返回工作表，在B2：B8单元格中输入学号，如果输入小于8位或大于8位的学号时，就会弹出出错信息。

设置了数据有效性后，如果不再需要数据有效性，可以清除这些设置。

选择设置了数据有效性的区域，在【数据】选项卡中，单击【数据工具】选项组中的【数据有效性】按钮 数据有效性 ，在弹出的下拉菜单中选择【数据有效性】选项，弹出【数据有效性】对话框，在【允许】的下拉列表中选择"任何值"选项，即可清除此处的数据有效性设置。

单击【全部清除】按钮，即可清除工作表中所选择区域所有的数据有效性设置。

7.5 数据的分类汇总

本节视频教学时间 / 6分钟

分类汇总是对数据清单中的数据进行分类，在分类的基础上对数据进行汇总。分类汇总是对数据进行分析和统计时常用的工具。使用分类汇总时，用户不需创建公式，系统会自动创建公式，对数据清单中的字段进行求和、求平均和求最大值等函数运算，分类汇总的计算结果将分级显示出来。这种显示方式可以将一些暂时不需要的数据隐藏起来，便于快速查看各类数据的汇总和标题。

当数据清单中存储了大量数据，而且名目繁多，用户需要快速、准确地对数据清单内的数据进行统计分析时，可对数据进行分类汇总操作。

使用分类汇总前需要先对数据进行排序，即先分类、再汇总。

1. 简单分类汇总

使用分类汇总的数据列表，每一列数据都要有列标题。Excel使用列标题来决定如何创建数据组以及如何计算总和。在数据列表中，使用分类汇总来求定货总值并创建简单分类汇总的具体操作步骤如下。

1 升序

打开本书所附光盘中的"素材\ch07\销售表.xlsx"文件，选择C列的任意一个单元格，单击【数据】选项卡的【升序】按钮 进行排序。

2 分类汇总

在【分类字段】列表框中选择【产品】选项，表示以"产品"字段进行分类汇总，在【汇总方式】列表框中选择【求和】选项，在【选定汇总项】列表框中选择【合计】复选框，并选择【汇总结果显示在数据下方】复选框。

3 显示结果

单击【确定】按钮，进行分类汇总后的效果如下图所示。

2. 多重分类汇总

在Excel中，要根据两个或更多个分类项对工作表中的数据进行分类汇总，可以按照以下方法。

（1）按分类项的优先级对相关字段排序。

（2）按分类项的优先级多次执行分类汇总，后面执行分类汇总时，需撤选对话框中的【替换当前分类汇总】复选框。

根据购物单位和产品进行分类汇总的步骤如下。

1 打开工作簿

打开本书所附光盘中的"素材\ch07\销售单.xlsx"工作簿，选择数据区域中的任意单元格，单击【数据】选项卡【排序和筛选】组中的【排序】按钮，弹出【排序】对话框。

2 升序

设置【主要关键字】为"购货单位"，【次序】为"升序"，设置【次要关键字】为"产品"，【次序】为"升序"。

3 完成排序

单击【确定】按钮，排序后的工作表如下图所示。

4 分类汇总

单击【分级显示】选项组中的【分类汇总】按钮，弹出【分类汇总】对话框。在【分类字段】列表框中选择【购货单位】选项，在【汇总方式】列表框中选择【求和】选项，在【选定汇总项】列表框中选择【合计】复选框，并选择【汇总结果显示在数据下方】复选框。

5 完成分类汇总

单击【确定】按钮，分类汇总后的工作表如下图所示。

6 两重分类汇总

再次单击【分类汇总】按钮，在【分类字段】下拉列表框中选择【产品】选项，在【汇总方式】下拉列表框中选择【求和】选项，在【选定汇总项】列表框中选择【合计】复选框，取消【替换当前分类汇总】复选框。

7 完成操作

单击【确定】按钮，此时即建立了两重分类汇总。

7.6 数据的合并计算

本节视频教学时间 / 4分钟

在Excel 2010中，若要汇总多个工作表结果，可以将数据合并到一个主工作表中，以便对数据进行更新和汇总。

1. 按位置合并运算

按位置进行合并计算就是按同样的顺序排列所有工作表中的数据，将它们放在同一位置中。

第1步：设置要合并计算的数据区域

1 打开工作簿

打开本书所附光盘中的"素材\ch07\工资表.xlsx"工作簿。

	A	B	C	D	E	F	G	H	I
1	职工号	姓名	性别	部门名称	住房补助	交通补助	住房公积金	扣除工资	
2	zg001	张艳	女	办公室	￥175.0	￥50.0	￥260.0	￥80.0	
3	zg002	李永	男	办公室	￥150.0	￥50.0	￥280.0	￥90.0	
4	zg003	王敏歌	男	人事部	￥125.0	￥50.0	￥270.0	￥90.0	
5	zg004	娄桂珍	女	销售部	￥86.0	￥50.0	￥260.0	￥80.0	
6	zg005	欧晓红	女	销售部	￥78.0	￥50.0	￥260.0	￥75.0	
7	zg006	李达	男	销售部	￥90.0	￥50.0	￥240.0	￥85.0	
8	zg007	杨三	男	市场部	￥180.0	￥50.0	￥230.0	￥90.0	
9	zg008	王华	女	市场部	￥150.0	￥50.0	￥22.0	￥90.0	
10	zg009	南雷	女	人事部	￥160.0	￥50.0	￥180.0	￥95.0	
11	zg010	李秀珍	女	财务部	￥140.0	￥50.0	￥270.0	￥75.0	
12	zg011	王刚	男	财务部	￥120.0	￥50.0	￥200.0	￥70.0	
13	zg012	郑国红	女	销售部	￥70.0	￥50.0	￥190.0	￥78.0	
14	zg013	王青松	男	销售部	￥90.0	￥50.0	￥240.0	￥78.0	
15	zg014	王洪涛	男	销售部	￥90.0	￥50.0	￥240.0	￥80.0	
16	zg015	王桂荣	女	办公室	￥100.0	￥50.0	￥220.0	￥75.0	
17	zg016	王山	男	开发部	￥120.0	￥50.0	￥220.0	￥90.0	

2 输入名称"工资1"

选择"工资1"工作表的A1:H20区域，在【公式】选项卡中，单击【定义的名称】选项组中的【定义名称】按钮 定义名称▾，弹出【新建名称】对话框，在【名称】文本框中输入"工资1"，单击【确定】按钮。

3 输入名称"工资2"

选择"工资2"工作表的单元格区域F1:H20，在【公式】选项卡中，单击【定义的名称】选项组中的【定义名称】按钮 定义名称▾，弹出【新建名称】对话框，在【名称】文本框中输入"工资2"，单击【确定】按钮。

第2步：合并计算

1 添加到所有引用位置

选择"工资1"工作表中的单元格I1，在【数据】选项卡中，单击【数据工具】选项组中的【合并计算】按钮 合并计算，在弹出的【合并计算】对话框的【引用位置】文本框中输入"工资2"，单击【添加】按钮，把"工资2"添加到【所有引用位置】列表框中。

2 完成合并计算

单击【确定】按钮，即可将名称为"工资2"的区域合并到"工资1"区域中。

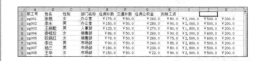

> **提示** 合并前要确保每个数据区域都采用列表格式，第一行中的每列都具有标签，同一列中包含相似的数据，并且在列表中没有空行或空列。

2. 由多个明细表快速生成汇总表

如果数据分散在各个明细表中，需要将这些数据汇总到一个总表中，也可以使用合并计算。具体操作步骤如下。

1 合并并且相加

打开本书所附光盘中的"素材\ch07\销售合并计算.xlsx"工作簿,其中包含了4个地区的销售情况,需要将这4个地区的数据合并到"总表"中,同类产品的数量和销售金额相加。

2 选择单元格

选择"总表"中的A1单元格。

3 合并计算

在【数据】选项卡中,单击【数据工具】选项组中的【合并计算】按钮,弹出【合并计算】对话框,将光标定位在"引用位置"文本框中,然后选择"北京"工作表中的A1:C6,单击【添加】按钮。

4 重复操作

重复此操作,依次添加上海、广州、重庆工作表中的数据区域,并选择【首行】、【最左列】复选框。

5 显示结果

单击【确定】按钮,合并计算后的数据如下图所示。

7.7 数据透视表

使用数据透视表可以深入分析数值数据,创建数据透视表以后,就可以对它进行编辑了,对数据透视表的编辑包括修改其布局、添加或删除字段、格式化表中的数据,以及对透视表进行复制和删除等操作。

7.7.1 数据透视表的有效数据源

用户可以从4种类型的数据源中组织和创建数据透视表。

(1)Excel数据列表。Excel数据列表是最常用的数据源。如果以Excel数据列表作为数据源,则标题行不能有空白单元格或者合并的单元格,否则不能生成数据透视表,会出现下图所示的错误提示。

（2）外部数据源。文本文件、Microsoft SQL Server数据库、Microsoft Access数据库、dBASE数据库等均可作为数据源。Excel 2000及以上版本还可以利用Microsoft OLAP多维数据集创建数据透视表。

（3）多个独立的Excel数据列表。数据透视表可以将多个独立Excel表格中的数据汇总到一起。

（4）其他数据透视表。创建完成的数据透视表也可以作为数据源来创建另外一个数据透视表。

在实际工作中，用户的数据往往是以二维表格的形式存在的，如下左图所示。这样的数据表无法作为数据源创建理想的数据透视表。只能把二维的数据表格转换为下右图所示的一维表格，才能作为数据透视表的理想数据源。数据列表就是指这种以列表形式存在的数据表格。

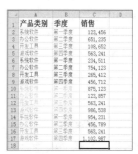

7.7.2 创建数据透视表

创建数据透视表的具体操作步骤如下。

1 打开工作簿

打开本书所附光盘中的"素材\ch07\销售表.xlsx"工作簿，单击【插入】选项卡下【表格】选项组中的【数据透视表】按钮。

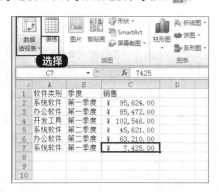

2 创建数据透视表

弹出【创建数据透视表】对话框，在【请选择要分析的数据】区域单击选中【选择一个表或区域】单选项，在【表/区域】文本框中设置数据透视表的数据源，单击其后的按钮，用鼠标拖曳选择A1:C7单元格区域即可。在【选择放置数据透视表的位置】区域单击选中【新工作表】单选项。

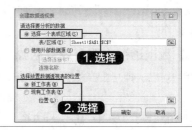

③ 完成创建

单击【确定】按钮，弹出数据透视表的编辑界面，工作表中出现了数据透视表，在其右侧出现的是【数据透视表字段列表】。在【数据透视表字段列表】列表框中选择要添加到报表的字段，即可完成数据透视表的创建。此外，在功能栏中出现了【数据透视表工具】▶【选项】选项卡和【设计】选项卡。

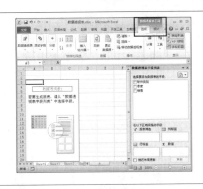

④ 添加报表字段

将"销售"字段拖曳到【Σ数值】框中，将"季度"和"软件类别"字段拖曳到【行标签】框中，注意顺序，添加好报表字段的效果如下图所示。

⑤ 调整标签

在【行标签】框中，将"软件类别"拖至"季度"上面，调整后的透视表如下图所示。

7.8 数据透视图

本节视频教学时间 / 4分钟

数据透视图是数据透视表的图形表现形式。与数据透视表一样，数据透视图也是交互式的。创建数据透视图时，数据透视图将筛选显示在图表中，以便排序和筛选数据透视图的基本数据。

7.8.1 通过数据区域创建数据透视图

创建数据透视图的方法有两种，一种是直接通过数据表中的数据创建数据透视图，另一种是通过已有的数据透视表创建数据透视图。通过数据区域创建数据透视图的具体步骤如下。

① 选择单元格

打开本书所附光盘中的"素材\ch07\销售表.xlsx"工作簿，选择数据区域中的一个单元格。

② 选择【数据透视图】选项

单击【插入】选项卡下【表格】选项组中的【数据透视表】按钮 下方的下拉按钮，在弹出的下拉列表中选择【数据透视图】选项。

3 选择数据区域和图表位置

弹出【创建数据透视表及数据透视图】对话框，选择数据区域和图表位置，单击【确定】按钮。

4 弹出界面

弹出数据透视表的编辑界面，工作表中会出现图表1和数据透视表2，在其右侧出现的是【数据透视表字段列表】窗格。

5 添加字段

在【数据透视表字段列表】中选择要添加到视图的字段，即可完成数据透视图的创建。

7.8.2 通过数据透视表创建数据透视图

通过数据透视表创建数据透视图的具体步骤如下。

1 选择单元格

打开本书所附光盘中的"素材\ch07\数据透视表.xlsx"工作簿，选择数据透视表区域中的一个单元格。

2 单击【数据透视图】按钮

单击【选项】选项卡下【工具】选项组中的【数据透视图】按钮，弹出【插入图表】对话框。

3 创建数据透视表及数据透视图

选择一种图表类型，单击【确定】按钮，即可创建一个数据透视表及数据透视图。

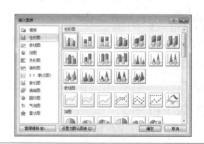

7.9 实战演练——制作公司经营明细透视表/图

本节视频教学时间 / 4分钟

公司销售数据分析透视图需要详细地记录各部门的详细销售情况，如销售月份、收入及支出等。公司销售数据分析透视图中常包含大量的数据，查看和管理这些数据就会显得非常麻烦，这时可以使用Excel建立数据透视图，使数据一目了然，帮助用户分析数据。

1 单击【数据透视表】按钮

打开本书所附光盘中的"素材\ch07\公司销售数据分析透视图.xlsx"文件，单击数据区域中的一个单元格，单击【插入】选项卡下【表格】选项组中的【数据透视表】按钮。

3 拖曳字段

在【数据透视表字段列表】窗格中，将"收入"和"支出"字段拖曳到【Σ数值】区域中，将"月份"字段拖曳到【报表筛选】区域中，将"部门"拖曳至【行标签】区域中。

2 选择数据区域和图表位置

弹出【创建数据透视表】对话框，选择数据区域和图表位置，单击【确定】按钮。

4 完成创建

即可创建数据透视表，如下图所示。

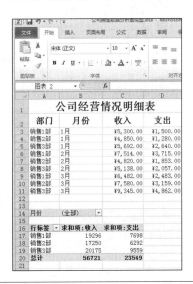

5 选择图表类型

选择数据透视表区域中的一个单元格，单击【分析】选项卡下【工具】选项组中的【数据透视图】按钮，弹出【插入图表】对话框，选择一种图表类型，单击【确定】按钮。

6 完成创建

即可创建一个数据透视表及数据透视图。

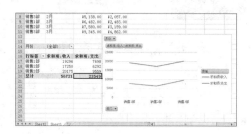

高手私房菜

技巧：用合并计算核对多表中的数据

在下表的两列数据中，要核对"销量A"和"销量B"是否一致。具体的操作步骤如下。

	A	B	C	D	E	F
1	物品	销量A		物品	销量B	
2	电视机	8579		电视机	8579	
3	笔记本	4546		笔记本	4716	
4	显示器	13215		显示器	13215	
5	台式机	12512		台式机	12732	

1 合并

选定G2单元格。单击【数据工具】选项组中的【合并计算】按钮，弹出【合并计算】对话框，添加A1:B5和C1:D5区域，并选中【首行】和【最左列】复选框。

2 显示结果

单击【确定】按钮，得到合并结果。

G	H	I	J
	销量A	销量B	
电视机	8579	8579	
笔记本	4546	4716	
显示器	13215	13215	
台式机	12512	12732	

3 输入公式

在J2单元格中输入"=H2=I2"，按【Enter】键。

G	H	I	J
	销量A	销量B	
电视机	8579	8579	TRUE
笔记本	4546	4716	
显示器	13215	13215	
台式机	12512	12732	

4 填充单元格

使用填充柄填充J3:J5区域，显示FALSE表示"销量A"和"销量B"中的数据不一致。

G	H	I	J
	销量A	销量B	
电视机	8759	8756	FALSE
笔记本	4568	4532	FALSE
显示器	15346	15346	TRUE
台式机	12685	12605	FALSE

第8章

PPT 2010的基本应用

本章介绍幻灯片的基本操作以及设置、在幻灯片中插入对象、使用主题和背景、母版视图等内容。

学习效果图

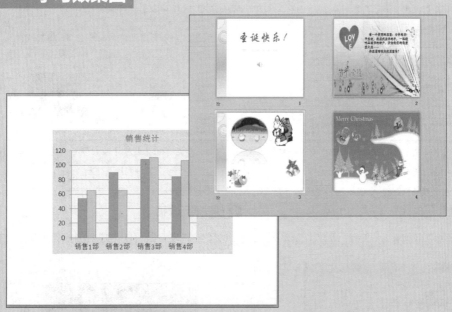

8.1 幻灯片的基本操作

本节视频教学时间 / 5分钟

在使用PowerPoint 2010创建PPT之前应先掌握演示文稿的基本操作。

8.1.1 创建新的演示文稿

启动PowerPoint 2010软件之后，即可创建一个空白演示文稿。

8.1.2 使用模板

PowerPoint 2010中内置有大量联机模板，可在设计不同类别的演示文稿的时候选择使用，既美观漂亮，又节省了大量时间。

1 选择【新建】

在【文件】选项卡下单击【新建】选项，在右侧【新建】区域显示了多种PowerPoint 2010的联机模板样式。

2 选择模板

选择相应的联机模板，即可弹出模板预览界面。单击【下载】按钮。

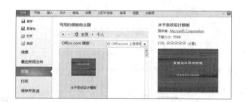

提示 在【新建】选项下的文本框中输入联机模板或主题名称，然后单击【搜索】按钮即可快速找到需要的模板或主题。

3 下载模板

即可开始下载模板。

4 创建演示文稿

下载完成，即可使用模板创建新的演示文稿。

8.1.3 添加幻灯片

　　添加幻灯片的常见方法有两种，第一种方法是单击【开始】选项卡下【幻灯片】选项组中的【新建幻灯片】按钮，在弹出的列表中选择【标题幻灯片】选项，新建的幻灯片即显示在左侧的【幻灯片】窗格中。

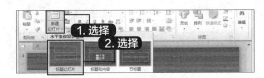

　　第二种方法是在【幻灯片】窗格中单击鼠标右键，在弹出的快捷菜单中选择【新建幻灯片】菜单命令，即可快速新建幻灯片。

8.1.4 删除幻灯片

　　在【幻灯片】窗格中选择要删除的幻灯片，按【Delete】键即可快速删除选择的幻灯片页面。也可以选择要删除的幻灯片页面并单击鼠标右键，在弹出的快捷菜单中单击【删除幻灯片】选项。

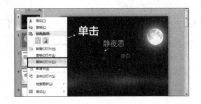

8.1.5 复制幻灯片

　　用户可以通过以下两种方法复制幻灯片。

1.利用【复制】按钮	**2.利用【复制】菜单命令**
选中幻灯片，单击【开始】选项卡下【剪贴板】组中【复制】按钮后的下拉按钮，在弹出的下拉列表中单击【复制】选项，即可复制所选幻灯片。	在目标幻灯片上单击鼠标右键，在弹出的快捷菜单中选择【复制幻灯片】选项，即可复制所选幻灯片。

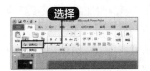

8.1.6 移动幻灯片

用户可以通过移动幻灯片的方法改变幻灯片的位置,单击需要移动的幻灯片并按住鼠标左键,拖曳幻灯片至目标位置,松开鼠标左键即可。此外,通过剪切并粘贴的方式也可以移动幻灯片。

8.2 添加和编辑文本

本节视频教学时间 / 6分钟

本节主要介绍在PowerPoint中输入和编辑内容的方法。

8.2.1 使用文本框添加文本

幻灯片中【文本占位符】的位置是固定的，如果想在幻灯片的其他位置输入文本，可以通过绘制一个新的文本框来实现。在插入和设置文本框后，就可以在文本框中进行文本的输入了，在文本框中输入文本的具体操作方法如下。

1 选择文本框

新建一个演示文稿，将幻灯片中的文本占位符删除，单击【插入】选项卡下【文本】组中的【文本框】按钮，在弹出的下拉菜单中选择【横排文本框】选项。

2 创建文本框

将指针移动到幻灯片上，当指针变为向下的箭头时，按住鼠标左键并拖曳即可创建一个文本框。

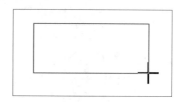

3 输入文本

单击文本框就可以直接输入文本，这里输入"PowerPoint 2010文本框"。

8.2.2 使用占位符添加文本

在普通视图中，幻灯片会出现"单击此处添加标题"或"单击此处添加副标题"等提示文本框。这种文本框统称为【文本占位符】。

在文本占位符中输入文本是最基本、最方便的一种输入方式。在文本占位符上单击即可输入文本。同时，输入的文本会自动替换文本占位符中的提示性文字。

8.2.3 选择文本

如果要更改文本或者设置文本的字体样式，可以选择文本，将鼠标光标定位于要选择文本的起始位于，按住鼠标左键并拖曳鼠标，选择结束，释放鼠标左键即可选择文本。

8.2.4 移动文本

在PowerPoint 2010中文本都是在占位符或者文本框中显示，可以根据需要移动文本的位置。选择要移动文本的占位符或文本框，按住鼠标左键并拖曳，至合适位置释放鼠标左键即可完成移动文本的操作。

8.3　设置文本格式

本节视频教学时间 / 6分钟

在幻灯片中添加的文本内容可以根据需要设置其格式。

8.3.1 设置字体及颜色

文字的常用设置主要包括设置字体、字号以及字体颜色等。

设置字体

可以根据需要设置字体的样式及大小。

1 选择文本

打开随书光盘中的"素材\ch08\静夜思.pptx"，在第2张幻灯片页面中选择要设置字体样式的文本。

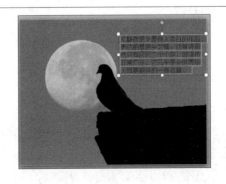

2 选择字体

单击【开始】选项卡下【字体】选项组中的【字体】按钮，打开【字体】对话框，在【西文字体】下拉列表中选择一种字体，在【中文字体】下拉列表中选择"方正准圆简体"。

3 设置字体样式

在【字体样式】下拉列表中设置字体样式，包含有常规、倾斜、加粗、倾斜加粗等，根据需要选择相应选项即可。

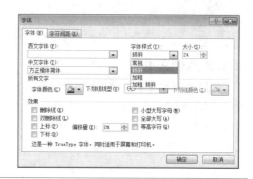

4 调整字体大小

在【大小】微调框中可以设置字体的字号，可以直接输入字体字号，也可以单击微调按钮调整。

5 设置字体颜色、效果、线型

此外，还可以单击【字体颜色】按钮，在弹出的下拉列表中设置字体的颜色，在【下划线线型】下拉列表中为选择文本设置下划线效果。在【字体】对话框的【效果】组下可以设置字体效果，如删除线效果、双删除线、上标及下标等，只需要勾选相应的复选框即可。设置完成后单击【确定】按钮。

6 显示效果

最终效果如下图所示。

> **提示** 在【开始】选项卡下的【字体】选项组中也可以直接设置字体样式。

8.3.2 设置字体间距

设置字符间距的具体操作步骤如下。

1 选择文本

接上一节操作，在第3张幻灯片页面中选择要设置字符间距的文本。

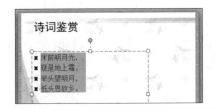

3 重复设置

重复步骤**2**，在弹出的下拉列表中选择【很松】选项，即可看到设置【字符间距】为"很松"后的效果。

5 设置度量值

在【度量值】微调框中设置度量值为"50"磅，设置完成，单击【确定】按钮。

2 设置字符间距

单击【开始】选项卡下【字体】选项组中【字符间距】按钮的下拉按钮 AV·，在弹出的下拉列表中选择【很紧】选项，即可看到设置后的效果。

4 其他字符间距设置

在【字符间距】下拉列表中选择【其他间距】选项，即可打开【字体】对话框，在【字符间距】选项卡的【间距】下拉列表中选择【加宽】选项。

6 显示效果

即可看到自定义字符间距后的效果。

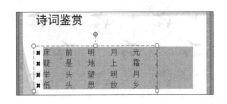

8.4 设置段落格式

本节视频教学时间 / 6分钟

本节主要讲述设置段落格式的方法，包括对齐方式、缩进及间距与行距等方面的设置。对段落的设置主要是通过【开始】选项卡【段落】组中的各命令按钮来进行的。

8.4.1 对齐方式

段落对齐方式包括左对齐、右对齐、居中对齐、两端对齐和分散对齐等。不同的对齐方式可以达到不同的效果。

1 居中对齐

打开随书光盘中的"素材\ch08\公司奖励制度.pptx"文件，选中需要设置对齐方式的段落，单击【开始】选项卡【段落】选项组中的【居中对齐】按钮，效果如图所示。

2 分散对齐

此外，还可以使用【段落】对话框设置对齐方式，将光标定位在段落中，单击【开始】选项卡下【段落】选项组中的【段落】按钮，弹出【段落】对话框，在【缩进和间距】选项卡下【常规】区域的【对齐方式】下拉列表中选择【分散对齐】选项，单击【确定】按钮。

3 显示效果

设置后的效果如图所示。

8.4.2 段落文本缩进

段落缩进指的是段落中的行相对于页面左边界或右边界的位置，段落文本缩进的方式有首行缩进、文本之前缩进和悬挂缩进3种。设置段落文本缩进的具体操作步骤如下。

1 打开文件

打开随书光盘中的"素材\ch08\公司奖励制度.pptx"文件，选择要设置的段落，单击【开始】选项卡下【段落】选项组右下角的按钮。

2 设置段落样式

弹出【段落】对话框，在【缩进和间距】选项卡下【缩进】区域中单击【特殊格式】右侧的下拉按钮，在弹出的下拉列表中选择【首行缩进】选项，并设置度量值为"2厘米"，单击【确定】按钮。

3 显示格式

设置后的效果如图所示。

8.4.3 添加项目符号或编号

在PowerPoint 2010演示文稿中，使用项目符号或编号可以演示大量文本或顺序的流程。添加项目符号或编号也是美化幻灯片的一个重要手段，精美的项目符号、统一的编号样式可以使单调的文本内容变得更生动、专业。

1. 添加编号

添加编号的具体操作步骤如下。

1 单击【项目符号和编号】选项

打开随书光盘中的"素材\ch08\公司奖励制度.pptx"文件，选中幻灯片中需要添加编号的文本内容，单击【开始】选项卡下【段落】组中的【编号】按钮右侧的下拉按钮 ⬛ ，在弹出的下拉列表中，单击【项目符号和编号】选项。

2 选择编号

弹出【项目符号和编号】对话框，在【编号】选项卡下选择相应的编号，单击【确定】按钮。

3 显示效果

添加编号后的效果如图所示。

2. 添加项目符号

添加项目符号的具体操作步骤如下。

1 选择内容

打开随书光盘中的"素材\ch08\公司奖励制度.pptx"文件，选中需要添加项目符号的文本内容。

2 添加项目符号

单击【开始】选项卡下【段落】组中的【项目符号】按钮 ⬛ 右侧的下拉按钮，弹出项目符号下拉列表，选择相应的项目符号，即可将其添加到文本中。

3 完成添加

添加项目符号后的效果如图所示。

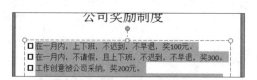

8.5 插入对象

本节视频教学时间 / 14分钟

在PowerPoint中插入艺术字、图片、图表、视频以及音频等对象，可以使幻灯片页面更漂亮、生动、形象。

8.5.1 插入艺术字

在PowerPoint 2010中可以使用艺术字美化幻灯片。

1 选择艺术字样式

新建演示文稿，删除占位符，单击【插入】选项卡下【文本】选项组中的【艺术字】按钮，在弹出的下拉列表中选择一种艺术字样式。

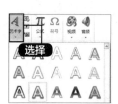

2 插入文本框

即可在幻灯片页面中插入【请在此放置您的文字】艺术字文本框。

3 输入内容

删除文本框中的文字，输入要设置艺术字的文本。在空白位置处单击就完成了艺术字的插入。

4 设置艺术字样式

选择插入的艺术字，将会显示【格式】选项卡，在【形状样式】、【艺术字样式】选项组中可以设置艺术字的样式，最终效果如图所示。

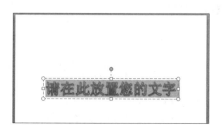

8.5.2 插入图片

在制作幻灯片时插入适当的图片，可以达到图文并茂的效果。插入图片的具体操作步骤如下。

1 删除占位符

启动PowerPoint 2010，在新建的幻灯片中删除占位符。

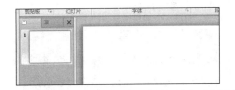

2 插入图片

单击【插入】选项卡下【图像】选项组中的【图片】按钮 。

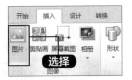

3 选择插入图片的位置

弹出【插入图片】对话框，在【查找范围】下拉列表中选择图片所在的位置，选择要插入幻灯片中的图片，单击【插入】按钮。

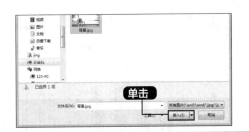

4 完成插入

即可将图片插入到幻灯片中。

5 美化图片

此时，将会打开【图片工具】▶【格式】选项卡，在【调整】和【图片样式】选项组中可以根据需要对插入的图片进行美化操作。

6 显示效果

最终效果如下图所示。

8.5.3 插入图表

图表比文字更能直观地显示数据，且图表的类型也是多种多样的。插入图表的具体操作步骤如下。

1 选择【图表】按钮

启动PowerPoint 2010，删除幻灯片页面中的占位符，单击【插入】选项卡下【插图】选项组中的【图表】按钮。

2 选择图表样式

弹出【插入图表】对话框，在左侧列表中选择【柱形图】选项下的【簇状柱形图】选项，单击【确定】按钮。

3 输入数据

在打开的【Microsoft PowerPoint中的图表】工作表中输入所需要显示的数据，输入完毕后关闭Excel表格。

4 完成插入

此时就完成了在演示文稿中插入图表的操作。

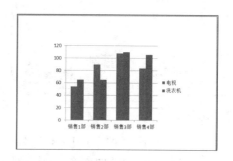

5 设置标题

选择插入的图表，单击【布局】选项卡下【标签】组中的【图表标题】按钮，在弹出的下拉列表中选择【图表上方】选项，然后将"图表标题"文本删除，输入"销售统计"，完成标题的设置。

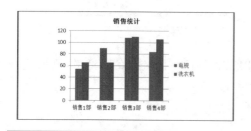

6 编辑和美化图表

在打开的【设计】、【布局】和【格式】选项卡下，用户可以根据需要对图表进行编辑和美化操作，最终效果如下图所示。

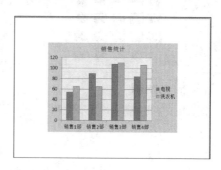

8.5.4 插入视频

在PowerPoint 2010演示文稿中可以链接到外部视频文件或电影文件。本节介绍向PPT中链接视频文件，添加文件、网站及剪贴画中的视频，以及设置视频的效果、样式等基本操作。

PowerPoint 2010支持的视频格式也比较多，下表所示的这些视频格式都可以添加到PowerPoint 2010中。

文件格式	扩展名
Windows Media 文件	.asf
Windows 视频文件（某些 .avi 文件可能需要其他编解码器）	.avi
MP4 视频文件	.mp4、.m4v、.mov
电影文件	.mpg 或 .mpeg
Adobe Flash Media	.swf
Windows Media Video 文件	.wmv

在PowerPoint演示文稿中添加文件中的视频，可以使幻灯片更加精彩。具体操作方法如下。

1 删除占位符

打开演示文稿，选择要添加视频文件的幻灯片页面并删除占位符。

2 插入视频

单击【插入】选项卡下【媒体】选项组中的【视频】按钮，在弹出的列表中选择【文件中的视频】选项。

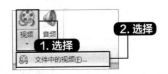

3 打开视频所在位置

弹出【插入视频文件】对话框，选择随书光盘中的"素材\ch08\视频.avi"文件，单击【插入】按钮。

4 完成插入

所需的视频文件将直接应用于当前幻灯片中，下图所示为预览插入的视频的截图。

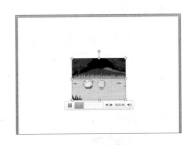

8.5.5 插入音频

在PowerPoint 2010中，既可以添加来自文件、剪贴画中的音频或使用CD中的音乐，也可以自己录制音频并将其添加到演示文稿中。

PowerPoint 2010支持的音频格式比较多，下表所示的这些音频格式都可以添加到PowerPoint 2010中。

文件格式	扩展名
AIFF 音频文件	.aiff
AU 音频文件	.au
MIDI 文件	.mid 或 .midi
MP3 音频文件	.mp3
高级音频编码 — MPEG-4 音频文件	.m4a、.mp4
Windows 音频文件	.wav
Windows Media Audio 文件	.wma

1. 添加文件中的音频

将文件中的音频文件添加到幻灯片中，可以使幻灯片有声有色。具体操作方法如下。

1 插入音频

新建演示文稿，选择要添加音频文件的幻灯片，单击【插入】选项卡下【媒体】选项组中的【音频】按钮，在弹出的列表中选择【文件中的音频】选项。

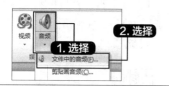

2 打开音频所在位置并插入

弹出【插入音频】对话框，选择随书光盘中的"素材\ch08\声音.mp3"文件，单击【插入】按钮，所需的音频文件将直接应用于当前幻灯片中，拖动图标调整到幻灯片的合适位置，效果如下图所示。

> **提示** PowerPoint 2010提供有录制音频的功能，单击【插入】选项卡下【媒体】选项组中的【音频】按钮，在弹出的列表中选择【录制音频】选项，用户可以根据需要录制音频，录制音频必须插有麦克风。

2. 录制旁白

用户可以根据需要自己录制音频文件为幻灯片添加旁白，具体操作方法如下。

1 选择【录制音频】选项

单击【插入】选项卡【媒体】组中的【音频】按钮，在弹出的下拉列表中选择【录制音频】选项。

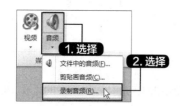

2 添加录制音频到幻灯片

弹出【录音】对话框，在【名称】文本框中可以输入所录的声音名称。单击【录制】按钮可以开始录制。录制完毕后，单击【停止】按钮停止录制，如果想预先听一下录制的声音，可以单击【播放】按钮播放试听，然后单击【确定】按钮，即可将录制的音频添加到当前幻灯片中。

8.6 母版视图

本节视频教学时间 / 4分钟

幻灯片母版与幻灯片模板相似，可用于制作演示文稿中的背景、颜色主题和动画等。母版视图包括幻灯片母版视图、讲义母版视图和备注母版视图。

8.6.1 幻灯片母版视图

在幻灯片母版视图下可以为整个演示文稿设置相同的颜色、字体、背景和效果等。

1. 设置幻灯片母版主题

设置幻灯片母版主题的具体操作步骤如下。

1 选择【主题】按钮

单击【视图】选项卡下【母版视图】组中的【幻灯片母版】按钮 🖾 幻灯片母版。在弹出的【幻灯片母版】选项卡中单击【编辑主题】选项组中的【主题】按钮。

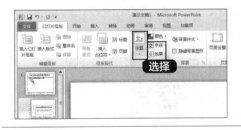

2 选择主题样式

在弹出的列表中选择一种主题样式。

3 完成设置

设置完成后，单击【幻灯片母版】选项卡下【关闭】选项组中的【关闭母版视图】按钮即可。

2. 设置母版背景

母版背景可以设置为纯色、渐变或图片等效果，具体操作步骤如下。

1 选择合适的背景样式

单击【视图】选项卡下【母版视图】组中的【幻灯片母版】按钮，在弹出的【幻灯片母版】选项卡中单击【背景】选项组中的【背景样式】按钮，在弹出的下拉列表中选择合适的背景样式。

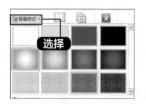

2 应用背景样式

此时即将背景样式应用于当前幻灯片。

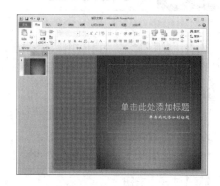

8.6.2 讲义母版视图

讲义母版视图可以将多张幻灯片显示在一张幻灯片中，以用于打印输出。

1 单击【页眉和页脚】按钮

单击【视图】选项卡下【母版视图】组中的【讲义母版】按钮，进入讲义母版视图。然后单击【插入】选项卡下【文本】选项组中的【页眉和页脚】按钮。

2 添加页眉和页脚效果

弹出【页眉和页脚】对话框，选择【备注和讲义】选项卡，为当前讲义母版添加页眉和页脚效果。设置完成后单击【全部应用】按钮。

3 显示在编辑窗口上

新添加的页眉和页脚就显示在编辑窗口上。

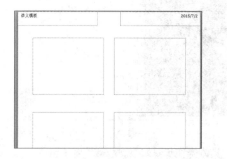

4 设置每页幻灯片数量

单击【讲义母版】选项卡下【页面设置】选项组中的【每页幻灯片数量】按钮，在弹出的列表中选择【4张幻灯片】选项。

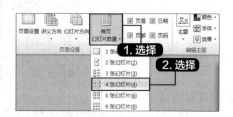

5 设置讲义方向

单击【讲义母版】选项卡下【页面设置】选项组中的【讲义方向】按钮，在弹出的列表中选择【横向】选项。

6 显示效果

之后便可看到设置讲义母版后的效果。

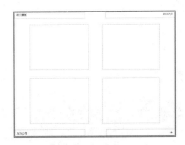

8.7 实战演练——制作圣诞节卡片

本节视频教学时间 / 8分钟

圣诞节卡片是一种内容活泼、形式多样、侧重与人交流感情的PPT演示文稿。在演示文稿中，适当插入一些与幻灯片主题内容一致的多媒体元素，可以达到事半功倍的效果。

第1步：插入艺术字和图片

1 打开文件

打开随书光盘中的"素材\ch08\圣诞节卡片.pptx"文件。

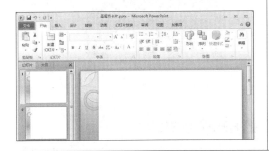

2 插入并设置艺术字

选择第1张幻灯片，插入一种艺术字样式，输入"圣诞快乐！"，并设置其艺术字的字体和大小及艺术字的形状效果，效果如图所示。

3 插入并调整图片

选择第2张幻灯片，单击【插入】选项卡下【图像】组中的【图片】按钮，在弹出的【插入图片】对话框中选择随书光盘中"素材\ch08"中的"圣诞节-1.png"和"圣诞节-2.jpg"，并调整图片大小和位置，如图所示。

4 插入文本框

单击【插入】选项卡下【文本】组中的【文本框】按钮，插入一个横排文本框，在其中输入文本后，设置文本字体、字号、颜色等样式，效果如图所示。

5 插入剪贴画

选择第3张幻灯片，插入"素材\ch08\圣诞节-3.png"图片，并调整其大小和位置，单击【插入】选项卡下【图像】组中的【剪贴画】按钮，弹出【剪贴画】窗格。在【搜索文字】文本框中输入"圣诞"，单击【搜索】按钮。

6 调整大小和位置

选择如图所示联机图片，插入到第3张幻灯片中，并调整其大小和位置。

7 插入第四张幻灯片图片

选择第4张幻灯片，单击占位符中的【图片】按钮，在弹出的对话框中插入随书光盘中的"素材\ch08\圣诞节-4.jpg"，并设置其大小和位置。

第2步：插入音频和视频

1 选择【文件中的音频】选项

选择第1张幻灯片，单击【插入】选项卡下【媒体】组中的【音频】按钮，在弹出的下拉列表中选择【文件中的音频】选项。

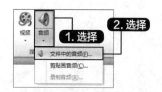

2 打开音频所在位置

弹出【插入音频】对话框，选择随书光盘中的"素材\ch08\音乐.mp3"，单击【插入】按钮。

3 插入音频并调整其位置

即可在幻灯片中插入音频，适当调整其位置，如图所示。

4 插入第三张幻灯片音频

选择第3张幻灯片，单击【插入】选项卡【媒体】组中的【视频】按钮下方的下拉按钮，在弹出的下拉列表中选择【PC上的视频】选项，弹出【插入视频文件】对话框，选择随书光盘中的"素材\ch08\视频.avi"，单击【插入】按钮，并调整其位置和大小。

第3步：设置音频和视频

1 设置音频音量

选中幻灯片中添加的音频文件，单击【音频工具】▶【播放】选项卡的【视频选项】组中的【音量】按钮，在弹出的下拉列表中选择【高】选项。

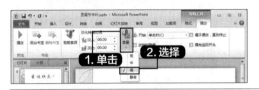

2 选择【自动】选项

单击【开始】后的下拉按钮，在弹出的下拉列表中选择【自动】选项。

3 设置视频样式

选择视频文件，单击【视频工具】▶【格式】选项卡的【视频样式】组中的【其他】按钮，在弹出的下拉列表中选择【棱台型椭圆，黑色】选项，并根据需要设置其他样式。

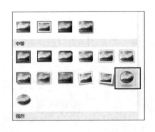

4 设置自动播放

在【视频工具】▶【播放】选项卡的【视频选项】组中单击【开始】后的下拉按钮，在弹出的下拉列表中选择【自动】选项。

5 显示效果

最终效果如下图所示。

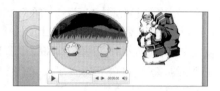

6 完成制作

至此，就完成了圣诞节卡片的制作，查看最终效果，如图所示。

 高手私房菜

本节介绍如何设置动态PPT背景和添加页码。

技巧1：设置动态PPT背景

可以给幻灯片添加动态的PPT背景，操作步骤如下。

1 选择【设置背景格式】

单击【设计】选项卡【背景】选项组中的【背景样式】按钮，在弹出的对话框中选择【设置背景格式】。

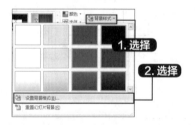

2 设置填充及动态图片位置

弹出【设置背景格式】对话框，在【填充】选项组中勾选【图片或纹理填充】，然后单击【文件】按钮，选择动态图片的位置，单击【全部应用】即可。

技巧2：为幻灯片添加页码

为方便查找幻灯片，可以为幻灯片添加页码。具体的操作步骤如下。

1 单击【幻灯片编号】按钮

单击【插入】选项卡下【文本】选项组中的【幻灯片编号】按钮。

2 添加幻灯片页面页码

在弹出的【页眉和页脚】对话框中，单击选中【幻灯片编号】复选框，然后单击【全部应用】按钮，即可为所有幻灯片页面添加页码。

第 9 章
设置动画及交互效果

放映幻灯片时，可以在幻灯片之间添加一些切换效果，使幻灯片的过渡和显示不那么生硬、呆板，而是富于变化。本章主要介绍设置幻灯片的切换效果、设置幻灯片的动画效果、设置演示文稿的链接以及设置按钮的交互等操作。

学习效果图

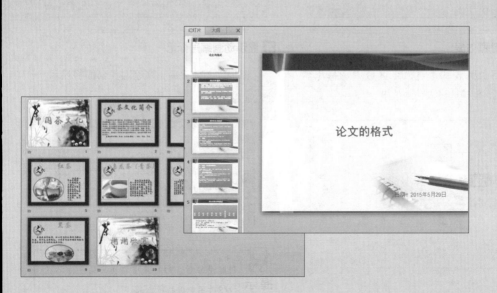

9.1 设置动画效果

本节视频教学时间 / 6分钟

可以将PowerPoint 2010演示文稿中的文本、图片、形状、表格、SmartArt图形和其他对象制作成动画，赋予它们进入、退出、大小或颜色变化甚至移动等视觉效果。

9.1.1 添加动画

可以为对象创建进入动画。例如，可以使对象逐渐淡入焦点，从边缘飞入幻灯片或者跳入视图中。创建进入动画的具体操作方法如下。

1 选择文字

打开随书光盘中的"素材\ch09\设置动画.pptx"文件，选择幻灯片中要创建进入动画效果的文字。

2 单击【动画】选项卡

单击【动画】选项卡【动画】组中的【其他】按钮▼，弹出下图所示的下拉列表。

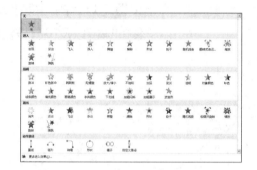

3 创建动画效果

在下拉列表的【进入】区域中选择【劈裂】选项，创建此进入动画效果。

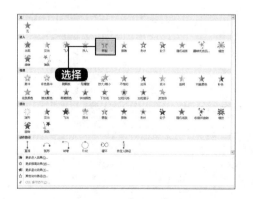

4 显示动画编号标记

添加动画效果后，文字对象前面将显示一个动画编号标记 **1** 。

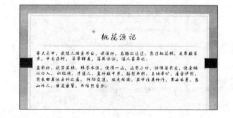

提示　创建动画后，幻灯片中的动画编号标记在打印时不会被打印出来。

9.1.2 调整动画顺序

在放映过程中，也可以对幻灯片播放的顺序进行调整。

1. 通过【动画窗格】调整动画顺序

1 打开文件

打开随书光盘中的"素材\ch09\设置动画顺序.pptx"文件，选择第2张幻灯片，可以看到设置的动画序号。

2 单击【动画窗格】按钮

单击【动画】选项卡【高级动画】组中的【动画窗格】按钮，弹出【动画窗格】窗口。

3 调整动画顺序

选择【动画窗格】窗口中需要调整顺序的动画，如选择动画2，然后单击【动画窗格】窗口下方【重新排序】命令左侧或右侧的向上按钮或向下按钮进行调整。

2. 通过【动画】选项卡调整动画顺序

1 选择动画

打开随书光盘中的"素材\ch09\设置动画顺序.pptx"文件，选择第2张幻灯片，并选择动画2。

2 单击【向前移动】按钮

单击【动画】选项卡【计时】组中【对动画重新排序】区域的【向前移动】按钮。

3 完成移动

之后便可将此动画顺序向前移动一个次序，并在【幻灯片】窗格中可以看到此动画前面的编号发生了改变。

提示 要调整动画的顺序，也可以先选中要调整顺序的动画，然后按住鼠标左键拖动到适当位置，再释放鼠标按键即可把动画重新排序。

9.1.3 设置动画计时

创建动画之后，可以在【动画】选项卡上为动画指定开始、持续时间或者延迟计时。

1. 设置动画开始时间

若要为动画设置开始计时，可以在【动画】选项卡下【计时】组中单击【开始】菜单右侧的下拉箭头，然后从弹出的下拉列表中选择所需的计时。该下拉列表中包括【单击时】、【与上一动画同时】和【上一动画之后】3个选项。

2. 设置持续时间

若要设置动画将要运行的持续时间，可以在【计时】组中的【持续时间】文本框中输入所需的秒数，或者单击【持续时间】文本框后面的微调按钮来调整动画要运行的持续时间。

3. 设置延迟时间

若要设置动画开始前的延时，可以在【计时】组中的【延迟】文本框中输入所需的秒数，或者使用微调按钮来调整。

9.2 设置幻灯片切换效果

本节视频教学时间 / 6分钟

幻灯片切换时产生的类似动画的效果，可以使幻灯片在放映时更加生动形象。

9.2.1 添加切换效果

幻灯片切换效果是在演示期间从一张幻灯片移到下一张幻灯片时在【幻灯片放映】视图中出现的动画效果。幻灯片切换时产生的类似动画效果，可以使幻灯片在放映时更加生动形象。添加切换效果的具体操作步骤如下。

1 选择幻灯片

打开随书光盘中的"素材\ch09\添加切换效果.pptx"文件，选择要设置切换效果的幻灯片，这里选择文件中的第1张幻灯片。

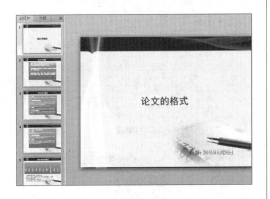

2 添加切换效果

单击【转换】选项卡下【切换到此幻灯片】选项组中的【其他】按钮 ，在弹出的下拉列表中选择【华丽型】栏下的【立方体】切换效果，即可完成切换效果的添加。

> **提示** 使用同样的方法可以为其他幻灯片页面添加动画效果。

9.2.2 设置切换效果的属性

PowerPoint 2010中的部分切换效果具有可自定义的属性，我们可以对这些属性进行自定义设置。

1 选择幻灯片

接上面9.2.1小节的操作，在普通视图状态下，选择第1张幻灯片。

2 更换切换效果

单击【转换】选项卡下【切换到此幻灯片】选项组中的【效果选项】按钮 ，在弹出的下拉列表中选择其他选项可以更换切换效果，如选择【自顶部】选项，即可从顶部开始【立方体】切换效果。

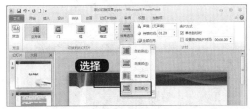

提示

幻灯片添加的切换效果不同，【效果选项】的下拉列表中的选项也是不同的。本例中第1张幻灯片添加的是【形状】切换效果，因此在【效果选项】下拉列表中可以设置切换效果的形状。

9.2.3 为切换效果添加声音

如果想使切换的效果更逼真，可以为其添加声音，具体操作步骤如下。

1 选择幻灯片

接上面9.2.2小节的操作，选中要添加声音效果的第2张幻灯片。

2 设置自动播放声音

单击【转换】选项卡下【计时】选项组中【声音】按钮右侧的下拉按钮，在其下拉列表中选择【疾驰】选项，在切换幻灯片时将会自动播放该声音。

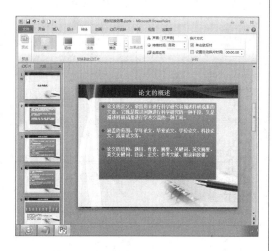

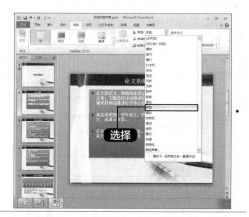

9.2.4 设置切换效果计时

用户可以设置切换幻灯片的持续时间，从而控制切换的速度。设置切换效果计时的具体步骤如下。

1 选择幻灯片

接上面9.2.3小节的操作，选择要设置切换速度的第3张幻灯片。

2 设置切换持续时间

单击【转换】选项卡下【计时】选项组中【持续时间】文本框右侧的微调按钮来设置切换持续的时间。

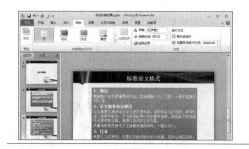

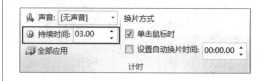

9.2.5 设置切换方式

用户在播放幻灯片时，可以根据需要设置幻灯片切换的方式，如自动换片或单击时换片等，具体操作步骤如下。

1 设置切换方式

接9.2.4小节操作，选择第3张幻灯片，在【转换】选项卡下【计时】选项组的【换片方式】组中选中【单击鼠标时】复选框，则播放幻灯片时单击可切换到此幻灯片。

2 自动换片

若选中【设置自动换片时间】复选框，并设置了时间，那么在播放幻灯片时，经过所设置的时间后就会自动地切换到下一张幻灯片。

9.3 使用超链接

本节视频教学时间 / 4分钟

在PowerPoint中，超链接可以是从一张幻灯片到同一演示文稿中另一张幻灯片的链接，也可以是从一张幻灯片到不同演示文稿中另一张幻灯片、电子邮件地址、网页或文件的链接等。可以给文本或对象创建超链接。本节以链接到本文档中的幻灯片为例进行说明。

1. 创建超链接

在幻灯片中为文本创建超链接的具体操作步骤如下。

1 选择文本

打开随书光盘中的"素材\ch09\公司年度营销计划.pptx"文件，在第2张幻灯片中选中要创建超链接的文本"产品策略"。

2 选择【超链接】按钮

单击【插入】选项卡下【链接】选项组中的【超链接】按钮。

3 插入超链接

弹出【插入超链接】对话框，选择【链接到】列表框中的【本文档中的位置】选项，在中间的【请选择文档中的位置】列表框中选择【幻灯片标题】下方的【产品策略】选项，然后单击【确定】按钮即可。

4 显示超链接后的文本

之后便可将选中的文本链接到【产品策略】幻灯片，添加超链接后的文本以下划线字显示。

5 链接另一张幻灯片

按【Shift+F5】组合键放映幻灯片，单击创建了超链接的文本"产品策略"，即可将幻灯片链接到另一张幻灯片。

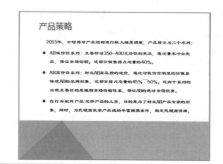

2. 更改超链接

可以根据需要更改创建的超链接。

1 选择【编辑超链接】选项

在要更改的超链接对象上右击，在弹出的快捷菜单中选择【编辑超链接】选项。

2 编辑超链接

弹出【编辑超链接】对话框，从中可以重新设置超链接的内容。

3. 取消超链接

如果当前幻灯片不需要再使用超链接，在要取消的超链接对象上右键单击，在弹出的快捷菜单中选择【取消超链接】命令即可。

9.4 实战演练——制作中国茶文化幻灯片

本节视频教学时间 / 14分钟

中国茶历史悠久，现在已发展成了独特的茶文化，中国人饮茶，注重一个"品"字。"品茶"不但可以鉴别茶的优劣，还可以消除疲劳、振奋精神。本节就以中国茶文化为背景，制作一份中国茶文化幻灯片。

第1步：设计幻灯片母版

1 单击【幻灯片母版】按钮

启动PowerPoint 2010，新建幻灯片，将其保存并命名为"中国茶文化.pptx"。单击【视图】选项卡【母版视图】组中的【幻灯片母版】按钮。

2 插入图片

切换到幻灯片母版视图，并在左侧列表中单击第1张幻灯片，单击【插入】选项卡下【图像】组中的【图片】按钮。

3 调整图片大小和位置

在弹出的【插入图片】对话框中选择"素材\ch09\图片01.jpg"文件，单击【插入】按钮，将选择的图片插入幻灯片中，选择插入的图片，并根据需要调整图片的大小及位置。

4 选择艺术字样式

在插入的背景图片上单击鼠标右键，在弹出的快捷菜单中选择【置于底层】▶【置于底层】选项，将背景图片在底层显示。选择标题框内的文本，单击【格式】选项卡下【艺术字样式】组中的【快速样式】按钮，在弹出的下拉列表中选择一种艺术字样式。

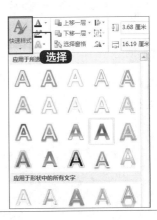

5 调整字体字号及对齐方式和位置

选择设置后的艺术字，根据需求设置艺术字的字体和字号，并设置【文本对齐】为"居中对齐"。此外，还可以根据需要调整文本框的位置。

提示 如果设置字体较大，标题栏中不足以容纳"单击此处编辑母版标题样式"文本时，可以删除部分内容。

6 设置动画效果

为标题框应用【擦除】动画效果，设置【效果选项】为"自左侧"，设置【开始】模式为"上一动画之后"。

7 隐藏背景图形并删除文本框

在幻灯片母版视图中，在左侧列表中选择第2张幻灯片，选中【背景】组中的【隐藏背景图形】复选框，并删除文本框。

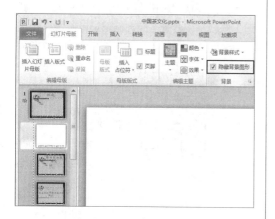

8 插入图片

单击【插入】选项卡下【图像】组中的【图片】按钮，在弹出的【插入图片】对话框中选择"素材\ch09\图片02.jpg"文件，单击【插入】按钮，将图片插入幻灯片中，并调整图片位置和大小，将背景图片在底层显示，并删除文本占位符。

第2步：设计幻灯片首页

1 选择艺术字样式

单击【幻灯片母版】选项卡中的【关闭母版视图】按钮，返回普通视图，删除幻灯片页面中的文本框，单击【插入】选项卡下【文本】组中的【艺术字】按钮，在弹出的下拉列表中选择一种艺术字样式。

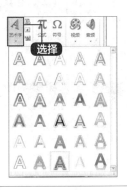

2 调整艺术字

输入"中国茶文化"文本，根据需要调整艺术字的字体和字号以及颜色等，并适当调整文本框的位置。

第3步：设计茶文化简介页面

1 设置对齐方式

新建【仅标题】幻灯片页面，在标题栏中输入"茶文化简介"文本。设置其【对齐方式】为"左对齐"。

2 打开文件并调整文本框

打开随书光盘中的"素材\ch09\茶文化简介.txt"文件，将其内容复制到幻灯片页面中，适当调整文本框的位置及字体的字号和大小。

③ 设置段落样式

选择输入的正文，并单击鼠标右键，在弹出的快捷菜单中选择【段落】菜单命令，打开【段落】对话框，在【缩进和间距】选项卡下设置【特殊格式】为"首行缩进"，设置【度量值】为"1.5厘米"。设置完成，单击【确定】按钮。

④ 显示效果

即可看到设置段落样式后的效果。

第4步：设计目录页面

① 输入标题

新建【标题和内容】幻灯片页面。输入标题"茶品种"。

② 设置字体字号

在下方输入茶的种类，并根据需要设置字体和字号等。

第5步：设计其他页面

① 输入标题

新建【标题和内容】幻灯片页面，输入标题"绿茶"。

2 打开文件并调整文本框

打开随书光盘中的"素材\ch09\茶种类.txt"文件,将其"绿茶"下的内容复制到幻灯片页面中,适当调整文本框的位置以及字体的字号和大小。

3 插入并调整图片

单击【插入】选项卡下【图像】组中的【图片】按钮,在弹出的【插入图片】对话框中选择"素材\ch09\绿茶.jpg"文件,单击【插入】按钮,将选择的图片插入幻灯片中。选择插入的图片,并根据需要调整图片的大小及位置。

4 选择图片样式

选择插入的图片,单击【格式】选项卡下【图片样式】选项组中的【其他】按钮,在弹出的下拉列表中选择一种样式。

5 设置图片样式

根据需要在【图片样式】组中设置【图片边框】、【图片效果】及【图片版式】等。

6 重复步骤

重复步骤 **1**~**5**,分别设计红茶、乌龙茶、白茶、黄茶、黑茶等幻灯片页面。

7 插入艺术字文本框

新建【标题】幻灯片页面。插入艺术字文本框,输入"谢谢欣赏!"文本,并根据需要设置字体样式。

第6步：设置超链接

1 创建超链接的文本

在第3张幻灯片中选中要创建超链接的文本"1.绿茶"。

2 单击【超链接】按钮

单击【插入】选项卡下【链接】选项组中的【超链接】按钮。

3 设置超链接

弹出【插入超链接】对话框，选择【链接到】列表框中的【本文档中的位置】选项，在中间的【请选择文档中的位置】列表框中选择【幻灯片标题】下方的【4.绿茶】选项，然后单击【屏幕提示】按钮。

4 输入提示信息

在弹出的【设置超链接屏幕提示】对话框中输入提示信息，然后单击【确定】按钮，返回【插入超链接】对话框，单击【确定】按钮。

5 完成超链接

即可将选中的文本链接到【产品策略】幻灯片，添加超链接后的文本以绿色、下划线字显示，然后使用同样的方法创建其他超链接。

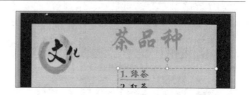

第7步：添加切换效果

1 选择幻灯片

选择要设置切换效果的幻灯片，这里选择第1张幻灯片。

2 设置转换样式

单击【转换】选项卡下【切换到此幻灯片】选项组中的【其他】按钮，在弹出的下拉列表中选择【华丽型】栏下的【翻转】切换效果，即可自动预览该效果。

3 设置持续时间

在【转换】选项卡下【计时】选项组的【持续时间】微调框中设置【持续时间】为"05.00"。

4 设置其他幻灯片页面

使用同样的方法，为其他幻灯片页面设置不同的切换效果。

第8步：添加动画效果

1 创建文字

选择第1张幻灯片中要创建进入动画效果的文字。

2 创建进入动画效果

单击【动画】选项卡【动画】组中的【其他】按钮 ▼，弹出下图所示的下拉列表。在【进入】区域中选择【浮入】选项，创建进入动画效果。

3 选择效果样式

添加动画效果后，单击【动画】选项组中的【效果选项】按钮，在弹出的下拉列表中选择【下浮】选项。

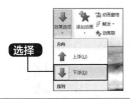

4 设置持续时间

在【动画】选项卡的【计时】选项组中设置【开始】为"上一动画之后"，设置【持续时间】为"02.00"。

5 设置其他幻灯片

参照步骤 **1**~**4** 为其他幻灯片页面中的内容设置不同的动画效果。设置完成后单击【保存】按钮保存制作的幻灯片。至此，就完成了中国茶文化幻灯片的制作。

高手私房菜

技巧1：巧用动画刷

如果要为对象设置相同的动画，可以利用PowerPoint 2010中的动画刷设置。

1 选择文档

单击已经添加动画效果的幻灯片文档。

2 单击【动画刷】按钮

单击【动画】选项卡中【高级动画】选项组中的【动画刷】按钮 ★ 动画刷 。

3 动画效果复制

此时鼠标指针变成 形状时，将鼠标指针放在需要添加动画的位置并单击，这样就完成了动画效果的复制。

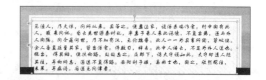

技巧2：使PPT动画效果不停播放

除了可以添加动画效果之外，也能让动画效果不停地播放，具体的操作步骤如下。

1 打开文档

打开已经添加动画效果的文档，在已经添加动画的文本上单击，如下图所示。

2 单击【动画窗格】

在【动画】选项卡下的【高级动画】选项组中单击【动画窗格】按钮。

3 选择动画效果

在弹出的【动画窗格】窗口中单击该动画效果的下拉列表，选择【计时】。

4 设置一直播放

在弹出窗口的【计时】选项组中，在【重复】的下拉列表中选择【直到下一次单击】选项，单击【确定】按钮退出。这样在播放幻灯片的时候，该动画效果就会一直播放，直到单击鼠标时停止。

第 **10** 章
幻灯片的放映与发布

演示文稿制作完成后就可以向观众播放演示了，本章主要介绍演示文稿演示的一些设置方法，包括放映幻灯片、为幻灯片添加标注等内容。

学习效果图

10.1 设置放映幻灯片

本节视频教学时间 / 5分钟

放映幻灯片时可以设置幻灯片的放映方式和放映时间。

10.1.1 设置放映方式

在PowerPoint 2010中，演示文稿的放映类型包括演讲者放映、观众自行浏览和在展台浏览3种。

具体演示方式的设置可以通过单击【幻灯片放映】选项卡【设置】组中的【设置幻灯片放映】按钮，然后在弹出的【设置放映方式】对话框中进行放映类型、放映选项及换片方式等设置。

1. 演讲者放映

演示文稿放映方式中的演讲者放映方式是指由演讲者一边讲解一边放映幻灯片，此演示方式一般用于比较正式的场合，如专题讲座、学术报告等。

将演示文稿的放映方式设置为演讲者放映的具体操作方法如下。

1 单击【设置幻灯片放映】按钮

打开随书光盘中的"素材\ch10\员工培训.pptx"文件。在【幻灯片放映】选项卡的【设置】组中单击【设置幻灯片放映】按钮。

2 设置放映类型

弹出【设置放映方式】对话框，在【放映类型】区域中单击选中【演讲者放映（全屏幕）】单选钮，即可将放映方式设置为演讲者放映方式。

3 设置放映方式

在【设置放映方式】对话框的【放映选项】区域单击勾选【循环放映，按【Esc】键终止】复选框，在【换片方式】区域中选中【手动】单选项，设置演示过程中的换片方式为手动。

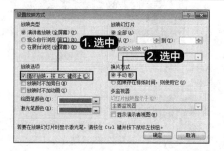

提示

单击勾选【循环放映，按Esc键终止】复选框，可以在最后一张幻灯片放映结束后自动返回到第一张幻灯片重复放映，直到按下键盘上的【Esc】键才能结束放映。单击勾选【放映时不加旁白】复选框，表示在放映时不播放在幻灯片中添加的声音。单击勾选【放映时不加动画】复选框，表示在放映时设定的动画效果将被屏蔽。

4 完成设置

单击【确定】按钮完成设置，按【F5】快捷键进行全屏幕的PPT演示。下图所示为演讲者放映方式下的第2张幻灯片的演示状态。

2. 观众自行浏览

观众自行浏览是指由观众自己动手使用计算机观看幻灯片。如果希望让观众自己浏览多媒体幻灯片，可以将多媒体演讲的放映方式设置成观众自行浏览。

1 设置放映方式

打开随书光盘中的"素材\ch10\员工培训.pptx"文件。在【幻灯片放映】选项卡的【设置】组中单击【设置幻灯片放映】按钮，弹出【设置放映方式】对话框。在【放映类型】区域中单击选中【观众自行浏览（窗口）】单选钮；在【放映幻灯片】区域中单击选中【从…到…】单选钮，并在第2个文本框中输入"4"，设置从第1页到第4页的幻灯片放映方式为观众自行浏览。

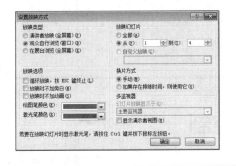

2 完成设置

单击【确定】按钮完成设置，按【F5】快捷键进行演示文稿的演示。这时可以看到，设置后的前4页幻灯片以窗口的形式出现，并且在最下方显示状态栏。

提示

单击状态栏中的【下一张】按钮 和【上一张】按钮 也可以切换幻灯片；单击状态栏右方的其他视图按钮，可以将演示文稿由演示状态切换到其他视图状态。

10.1.2 设置放映时间

为了掌握好演示文稿的演示时间，可以预先测定幻灯片放映的时间。

1 单击【排练计时】按钮

打开随书光盘中的"素材\ch10\员工培训.pptx"文件。在【幻灯片放映】选项卡的【设置】组中单击【排练计时】按钮。

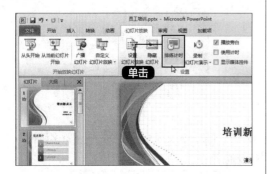

2 系统自动切换模式

系统会自动切换到放映模式，并弹出【录制】对话框。

3 显示排练时间

在【录制】对话框中可看到排练时间，时间的单位为秒，如下图所示。

4 完成幻灯片的排练计时

排练完成后，系统会显示一个警告的消息框以显示当前幻灯片放映的总共时间。单击【是】按钮，完成幻灯片的排练计时。

> **提示**
>
> 如果对演示文稿的每一张幻灯片都需要"排练计时"，则可以定位于演示文稿的第一张幻灯片。
>
> 放映过程中需要临时查看或跳至某一张幻灯片时，可以通过【录制】对话框中的按钮来实现。
>
> ● 【下一项】：切换到下一张幻灯片。
> ● 【暂停】：暂时停止计时后再次单击会恢复计时。
> ● 【重复】：重复排练当前幻灯片。

10.2 幻灯片的放映与控制

本节视频教学时间 / 4分钟

放映和控制幻灯片可以使幻灯片以演示者需要的方式展现给观众，突出表达演示者要传递给观众的思想。

10.2.1 放映幻灯片

默认情况下，幻灯片的放映方式为普通手动放映。用户可以根据实际需要，设置幻灯片的放映方法，如自动放映、自定义放映和排列计时放映等。

1. 从头开始放映

放映幻灯片一般是从头开始放映的，从头开始放映的具体操作步骤如下。

1 从头播放幻灯片

打开随书光盘中的"素材\ch10\员工培训.pptx"文件。在【幻灯片放映】选项卡的【开始放映幻灯片】组中单击【从头开始】按钮或按【F5】键。

2 切换下一张

系统将从头开始播放幻灯片。单击鼠标、按【Enter】键或空格键均可切换到下一张幻灯片。

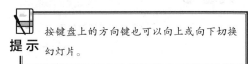

提示 按键盘上的方向键也可以向上或向下切换幻灯片。

2. 从当前幻灯片开始放映

在放映幻灯片时可以从选定的当前幻灯片开始放映，具体操作步骤如下。

1 从当前播放幻灯片

打开随书光盘中的"素材\ch10\员工培训.pptx"文件。选中第3张幻灯片，在【幻灯片放映】选项卡的【开始放映幻灯片】组中单击【从当前幻灯片开始】按钮或按快捷键【Shift+F5】。

2 切换下一张

系统将从当前幻灯片开始播放幻灯片。按【Enter】键或空格键可切换到下一张幻灯片。

10.2.2　在放映中添加注释

在放映幻灯片时，添加注释可以为演讲者带来方便。要想使观看者更加了解幻灯片所表达的意思，就需要在幻灯片中添加标注以达到演讲者的目的。添加标注的具体操作步骤如下。

1 改变鼠标指针

打开随书光盘中的"素材\ch10\认动物.pptx"文件，按【F5】键放映幻灯片。单击鼠标右键，在弹出的快捷菜单中选择【指针选项】▶【笔】选项。

2 完成设置

当鼠标指针变为一个点时，即可在幻灯片中使用笔添加标注，如可以在幻灯片中写字、画图、标记重点等。

> **提示**　选择【指针选项】▶【荧光笔】菜单命令，可使用荧光笔在幻灯片中添加标注。

10.3　实战演练——公司宣传片的放映

本节视频教学时间 / 4分钟

掌握了幻灯片的放映方法后，本节通过实例介绍公司宣传片的放映。

第1步：设置幻灯片放映

本步骤主要涉及幻灯片放映的基本设置，如添加备注和设置放映类型等内容。

1 添加备注

打开随书光盘中的"素材\ch10\公司宣传片.pptx"文件，选择第1张幻灯片，在幻灯片下方的【单击此处添加备注】处添加备注。

2 设置幻灯片放映

单击【幻灯片放映】选项卡下【设置】组中的【设置幻灯片放映】按钮，弹出【设置放映方式】对话框，在【放映类型】中单击选中【演讲者放映（全屏幕）】单选项，在【放映选项】区域中单击选中【放映时不加旁白】和【放映时不加动画】复选框，然后单击【确定】按钮。

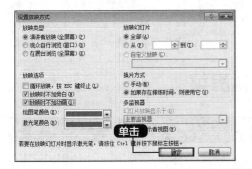

3 单击【排练计时】按钮

单击【幻灯片放映】选项卡下【设置】组中的【排练计时】按钮。

4 设置时间

开始设置排练计时的时间。

5 保留排练计时

排练计时结束后，单击【是】按钮，保留排练计时。

6 显示效果

添加排练计时后的效果如图所示。

第2步：添加注释

本步骤主要介绍在幻灯片中插入注释的方法。

1 更改鼠标光标

按【F5】键进入幻灯片放映状态，单击鼠标右键，在弹出的快捷菜单中选择【指针选项】列表中的【笔】选项。

2 标记注释

当鼠标指针变为一个点时，即可在幻灯片播放界面中标记注释，如图所示。

3 保留注释

幻灯片放映结束后，会弹出如图所示对话框，单击【保留】按钮，即可将添加的注释保留到幻灯片中。

提示 保留墨迹注释，则在下次播放时会显示这些墨迹注释。

4 显示效果

如图所示，在演示文稿工作区中即可看到插入的注释。

高手私房菜

技巧1：快速定位幻灯片

1 从头播放

打开随书光盘中的"素材\ch10\员工培训.pptx"文件。单击【幻灯片放映】▶【从头开始】放映幻灯片。

2 定位幻灯片

在放映状态下，如果要快速切换到指定的幻灯片，单击鼠标右键，在弹出的窗口中选择【定位至幻灯片】选项，然后选择要切换的幻灯片即可。

技巧2：在放映时屏蔽幻灯片内容

在演示文稿中可以将某一张或多张幻灯片屏蔽，这样在放映幻灯片时将不显示此幻灯片。

1 隐藏幻灯片

打开随书光盘中的"素材\ch10\员工培训.pptx"文件。选中第3张幻灯片，在【幻灯片放映】选项卡的【设置】组中单击【隐藏幻灯片】开始按钮。

2 完成操作

在【幻灯片/大纲】窗格中的【幻灯片】选项卡下的缩略图中可以看到，第3张幻灯片的编号显示为隐藏状态，这样在放映幻灯片的时候第3张幻灯片就会被隐藏起来。

第 **11** 章

Office在行政管理中的应用

重点导读 ·· 本章视频教学时间：30分钟

本章主要介绍Office 2010在行政管理中的应用，主要包括制作产品授权委托书、办公用品采购统计表以及企业文化宣传片等。

学习效果图

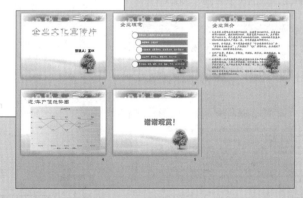

11.1 产品授权委托书

本节视频教学时间 / 9分钟

制作产品授权委托书主要是利用Word文档将产品授权内容清晰地展现出来。

11.1.1 案例描述

产品授权委托书是委托他人代表自己行使自己的合法权益，委托人在行使权力时需出具委托人的法律文书。被委托人行使的全部合法职责和责任都将由委托人承担，被委托人不承担任何法律责任。产品授权委托书就是公司委托人委托他人行使自己权利的书面文件。

由于产品授权委托书的特殊性，具有法律效力，所以在制作产品授权委托书时，要从实际出发，根据不同的产品性质制定不同的授权委托书，并且要把授权内容清晰地一一列举，包括授权双方的权利、责任及利益划分等。

产品授权委托书的应用领域比较广泛，不仅可以应用于各个产品生产、研发企业，还可以应用于个人，是行政管理岗位及文秘岗位的员工需要掌握的技能。

11.1.2 案例制作

制作产品授权委托书的具体步骤如下。

第1步：设置文档页边距

制作产品授权委托书首先要进行页面设置，本节主要介绍文档页边距的设置。设置合适的页边距可以使文档更加美观整齐。设置文档页边距的具体操作步骤如下。

---

1 新建文档

新建Word 2010文档，打开随书光盘中的"素材\ch11\委托书.docx"文档，并复制其内容，然后将其粘贴到新建的空白文档中。然后将新文档另存为"产品授权委托书.docx"。

2 自定义边距

单击【页面布局】选项卡下【页面设置】选项组中的【页边距】按钮，在弹出的列表中选择【自定义边距】选项。

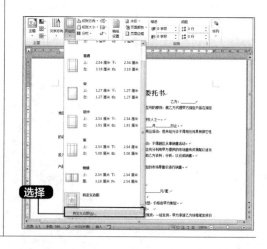

3 设置页边距

弹出【页面设置】对话框，在【页边距】选项卡下【页边距】选项组中的【上】、【下】、【左】、【右】列表框中分别输入"3厘米"，单击【确定】按钮。

4 显示效果

设置页边距后的效果如下图所示。

第2步：填写内容并设置字体

页边距设置完成后要填写文本内容和设置字体格式，在Word文档中，字体格式的设置是对文档中文本的最基本的设置，具体操作步骤如下。

1 添加内容

将委托书中的下划线空白处添加上内容，添加后的效果如下图所示。

3 显示效果

设置后的效果如图所示。

2 设置字体

选中正文文本，单击【开始】选项卡下【字体】选项组右下角的 按钮，在弹出的【字体】对话框中，选择【字体】选项卡。在【中文字体】下拉列表框中选择【隶书】，在【西文字体】下拉列表中选择【Times New Roman】，在【字号】列表框中选择【小四】选项，单击【确定】按钮。

第3步：添加边框

为文字添加边框，可以突出文档中的内容，给人以深刻的印象，从而使文档更加漂亮和美观。

---

1 选择文字

选择要添加边框的文字。

2 单击【边框和底纹】选项

单击【开始】选项卡下【段落】选项组中的【边框】按钮，在弹出的下拉列表中单击【边框和底纹】选项。

---

3 设置边框和底纹

弹出【边框和底纹】对话框，选择【边框】选项卡，然后从【设置】选项组中选择【方框】选项，在【样式】列表中选择边框的线型，并根据需要设置底纹样式。单击【确定】按钮。

4 显示效果

设置后的效果如下图所示。

11.2 设计办公用品采购统计表

本节视频教学时间 / 8分钟

办公用品采购统计表将办公室采购产品利用Excel表格一一展示出来。

11.2.1 案例描述

制作一份办公用品采购统计表，有利于管理办公用品的数量及使用情况，需要详细地列出购物的种类以及单价、总额等。办公用品采购统计表可以是一次性采购用品的清单，也可以将多次的采购列在一张表中，但需要标明采购日期等辅助说明信息。办公用品采购统计表可以应用于各类需要消耗大量办公用品的行业，是行政管理、文秘、会计等部门员工必备的Excel办公技能。

11.2.2 案例制作

制作办公用品采购统计表的具体步骤如下。

第1步：制作表头

1 对齐方式

打开Excel 2010应用软件，新建一个工作簿，在单元格A1中输入"办公用品采购统计表"，选择单元格区域A1:F1，单击【开始】选项卡下【对齐方式】选项组中的【合并后居中】按钮。

2 输入内容

依次选择各个单元格区域，分别输入如图所示文本内容（或打开随书光盘中的"素材\ch11\办公用品采购统计表.xlsx"）。

3 合并并设置对齐方式

合并单元格区域A2:F2、A7:F7、B8:C8、B9:C9……B19:C19，并设置单元格区域A2:F2、A7:F7的对齐方式为"左对齐"，设置单元格B8的对齐方式为"居中对齐"，如图所示。

第2步：设置字体

1 设置A1单元格字体

选择A1单元格，设置字体为"方正楷体简体"，字号为"18"。

2 设置A2:F19单元格字体

选择A2:F19单元格区域，设置字体为"方正书宋简体"，字号为"14"。

第3步：设置表格

1 设置外侧框线

选中单元格区域A2:F6，单击【字体】选项组中【边框】按钮右侧的下拉按钮，在弹出的下拉菜单中选择【外侧框线】选项。

2 设置A7:F19单元格边框线

使用同样的方法设置单元格区域A7:F19的边框线同样为"外侧框线"。

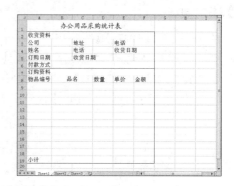

第4步：设置单元格格式

1 填充

在单元格A9中输入数字"1"，使用填充柄快速填充单元格区域A9:A18，单击填充柄右侧的按钮，在弹出的下拉列表中选择【填充序列】选项。

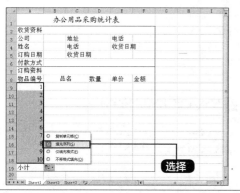

2 选择【设置单元格格式】选项

填充后的效果如图所示，选择单元格区域E9:F19，单击鼠标右键，在弹出的快捷菜单中选择【设置单元格格式】选项。

3 设置单元格格式

弹出【设置单元格格式】对话框，在【数字】选项卡下【分类】区域中选择【货币】选项，设置小数位数为"1"，选择一种货币符号，单击【确定】按钮。

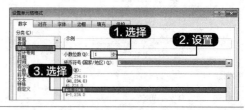

4 保存

制作完成后，将其保存为"办公用品采购统计表.xlsx"即可。

11.3 企业文化宣传片

本节视频教学时间 / 13分钟

PPT是公司宣传企业文化的重要手段之一。

11.3.1 案例描述

一个好的企业宣传片，能向公众展示企业实力、社会责任感和使命感，能通过宣传交流，增强企业的知名度和美誉度，使公众产生对企业及其产品的信赖感。精简、优秀的形象宣传片能涉及企业各个层面，能有效地传达企业文化。通过形象宣传片，企业能让大众及客户了解与其他企业的差异性，有利于品牌个性的发展。任何行业的企业在进行企业文化宣传时，都可以利用PowerPoint来制作企业文化宣传片，是行政管理、文秘、企划等岗位员工必备的PPT技能。

11.3.2 案例制作

制作企业宣传片的具体步骤如下。

第1步：设计母版幻灯片

1 新建演示文稿

新建一个演示文稿，并保存为"企业文化宣传片.pptx"。

2 切换至幻灯片母版视图

单击【视图】选项卡下【母版视图】组中的【幻灯片母版】按钮，即可切换至幻灯片母版视图。

3 插入图片

单击【插入】选项卡下【图像】组中的【图片】按钮 ，弹出【插入图片】对话框。选择图片"1.jpg"和"2.jpg"，单击【插入】按钮。

4 移动图片

此时即在PPT中插入了图片，插入图片后将其移动到合适位置，如图所示。

5 选择艺术效果样式

选择图片"2.jpg"，单击【图片工具】►【格式】选项卡下【调整】组中的【艺术效果】按钮 ，在弹出的下拉列表中选择一种艺术效果样式。

6 显示效果

效果如图所示。

7 组合图片

同时选中图片"1.jpg"和"2.jpg"，单击鼠标右键，在弹出的快捷菜单中选择【组合】►【组合】选项。

8 置于底层

选择组合后的图片，再次单击鼠标右键，在弹出的快捷菜单中选择【置于底层】►【置于底层】选项，同时删除原有的文本框。

9 完成幻灯片母版的创建

单击【幻灯片母版】选项卡下【关闭】组中的【关闭母版视图】按钮，即可完成幻灯片母版的创建。

第2步：设计首页效果

1 选择艺术字样式

单击【插入】选项卡下【文本】选项组中的【艺术字】按钮，在弹出的下拉列表中选择一种艺术字样式。

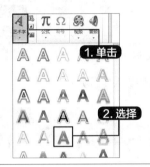

2 输入内容并设置字体样式

此时就在幻灯片中插入了艺术字文本框，在"请在此放置你的文字"文本框中输入"企业文化宣传片"字样，然后设置其【字体】为"华文隶书"、【字号】为"80"、颜色为"橙色，着色2"，并拖曳文本框至合适位置。

3 横排文本框

单击【文本】选项组中的【文本框】按钮下方的下拉按钮，在弹出的列表中选择【横排文本框】选项。

4 输入内容并设置字体样式

在幻灯片中拖曳出文本框，输入"演讲人：王××"字样，并设置其【字体】为"华文琥珀"、【字号】为"28"、【颜色】为"黑色"。

至此，幻灯片的首页已经设置完成。

第3步：设置内容页幻灯片

1 新建幻灯片

单击【开始】选项卡下【幻灯片】组中的【新建幻灯片】按钮的下拉按钮，在弹出的列表中选择【标题和内容】选项。

2 输入内容并设置字体样式

此时就插入了第2张幻灯片。在【单击此处添加标题】文本框中输入"企业理念"字样，然后设置【字体】为"华文隶书"、【字号】为"48"、颜色为"深红"。

3 插入图形并设置样式

单击【插入】选项卡下【插图】选项组中的【SmartArt图形】按钮 SmartArt，弹出【选择SmartArt图形】对话框。在左侧列表中选择【列表】选项，在中间的样式表中选择【垂直曲形列表】选项，然后单击【确定】按钮。

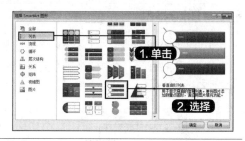

4 添加形状

此时即在幻灯片中插入了垂直曲形列表，选择任意一行，单击鼠标右键，在弹出的列表中选择【添加形状】➤【在后面添加形状】选项，即可插入行。重复此步骤，使垂直曲形列表达到5行。

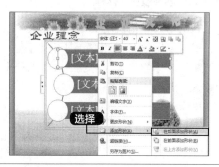

5 输入文本

在行中输入如图所示的文本。

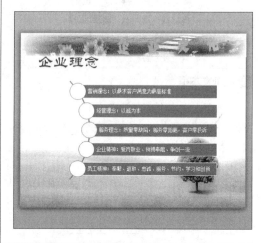

6 更改颜色样式

选中垂直曲形列表，单击【SmartArt工具】➤【设计】选项卡下【SmartArt样式】选项组中的【更改颜色】按钮 ，在弹出的下拉列表中选择一种样式，应用于垂直曲形列表。

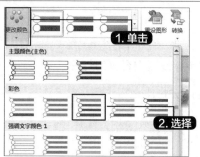

7 选择SmartArt样式

再次选中垂直曲形列表，单击【SmartArt样式】选项组右下角的按钮 ，在弹出的下拉列表中选择一种样式，应用于垂直曲形列表。

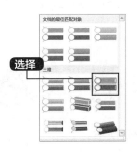

8 显示效果

效果如图所示。

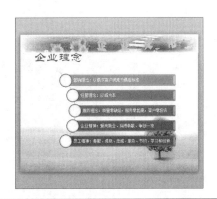

9 新建幻灯片

新建一张"公司简介"幻灯片，输入如图所示正文内容（内容部分可以直接复制、粘贴"素材\ch11\企业简介.docx"文件），并设置其字体和字号。

10 插入幻灯片并设置标题

插入第4张幻灯片，并设置标题为"近5年产值趋势图"。

11 插入图表

单击【插入】选项卡下【插图】选项组中的【图表】按钮 ，弹出【插入图表】对话框，在左侧的列表中选择【折线图】选项，在右侧的样式表中选择【折线图】选项，单击【确定】按钮。

12 输入数据

在【Microsoft PowerPoint中的图表】中输入以下数据（可以直接复制粘贴"素材\ch11\趋势表.xlsx"文件中的数据）。

	A	B	C	D	E
1		系列 1	系列 2	系列 3	
2	2010年	14.3	22.4	22	
3	2011年	22.5	24.4	12	
4	2012年	23.5	11.8	19.6	
5	2013年	14.5	22.8	17.8	
6	2014年	18.6	23.5	23.5	
7					

13 调整图表

关闭图表，可以看到在幻灯片中插入了趋势图。调整图表到合适位置和合适大小。

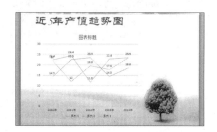

14 更改标题

将标题更改为"近5年产值"。

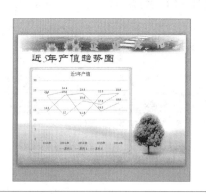

15 设置图表的样式

在【图表工具】➤【格式】选项卡下的【形状样式】选项组中根据需要设置图表的样式。最终效果如图所示。

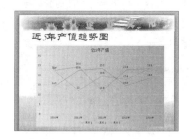

第4步：设置结束幻灯片

1 创建幻灯片

创建一张幻灯片，输入"谢谢观赏！"，设置其【字体】为"华文琥珀"、【字号】为"60"、【颜色】为"红色"，效果如图所示。

2 设置切换方式和动画效果

最后根据需要设置幻灯片的切换方式以及动画效果，即可完成企业文化宣传片的制作，最终效果如下图所示。

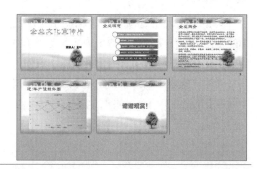

第 **12** 章
Office在人力资源管理中的应用

重点导读 ··· 本章视频教学时间：32分钟

人力资源管理是一项系统又复杂的组织工作，使用Office 2010系列应用组件可以帮助人力资源管理者轻松、快速地完成各种文档、数据报表和演示文稿的制作。本章主要介绍公司奖罚制度、应聘者基本情况登记表、员工培训PPT的制作方法。

学习效果图

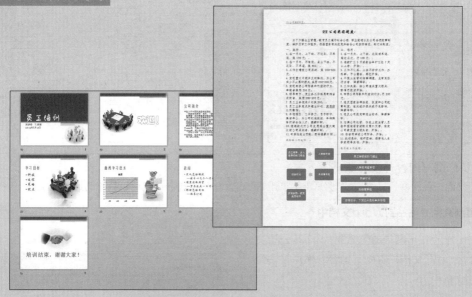

12.1 制作公司奖惩制度

本节视频教学时间 / 10分钟

公司奖惩制度可以有效地调动员工的积极性，赏罚分明。

12.1.1 案例描述

公司奖惩制度是公司为了维护正常的工作秩序，保证工作能够高效有序进行而制定的一系列奖惩措施。基本上每个公司都有自己的奖惩制度，其内容根据公司的情况的不同而各不相同。

每个公司或企业都需要制作符合公司实际情况的奖惩制度，并不拘泥于公司的大小，大企业中的人事部门或者小型企业中的秘书职位都需要掌握公司奖惩制度文档的制作方法。

12.1.2 案例制作

第1步：设置页面背景颜色

在制作公司奖惩制度之前，需要先设置页面的背景颜色。具体的操作步骤如下。

1 设置背景颜色

新建一个Word文档，命名为"公司奖惩制度.docx"，并将其打开。单击【页面布局】选项卡下【页面背景】选项组中的【页面颜色】按钮，在弹出的下拉列表中选择一种背景颜色，这里选择"白色，背景1，深色5%"颜色。

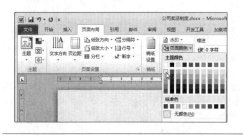

2 显示结果

即可为文档设置背景颜色。

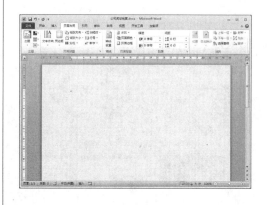

第2步：撰写内容并设计版式

设置完页面背景，可以撰写公司奖罚制度的内容并对版式进行设计，具体的操作步骤如下。

1 复制文档并粘贴到Word文档中

打开随书光盘中的"素材\ch12\公司奖罚制度.txt"文档，复制其内容，然后粘贴到Word文档中。

2 设置字体和段落样式

选择标题文字，设置标题字体为"华文行楷"，字号为"三号"，加粗并居中显示。设置文本内容字体为"仿宋"，字号为"小四"。设置第一段段落格式为首行缩进2字符，段前段后间距分别为"0.5行"。

3 设置页面布局

选择除标题和第一段外的其余内容，单击【页面布局】选项卡下【页面设置】选项组中的【分栏】按钮 ▓ 分栏▾，在弹出的下拉列表中选择【更多分栏】选项，弹出【分栏】对话框，在【预设】中选择【两栏】选项，单击选中【分隔线】复选框，单击【确定】按钮。

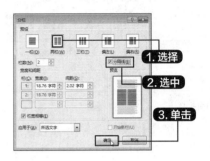

4 完成设置

此时文档所选内容即会以双栏显示。

第3步：插入SmartArt图形

一份公司奖罚制度仅以单纯的文字显示，难免有些单调，为其添加SmartArt图形可以增加文档的美感。可以在文档中添加"奖励的工作流程"SmartArt图形和"惩罚的工作流程"SmartArt图形，具体的操作步骤如下。

1 输入文字并设置字体

在"二、惩罚"的内容前面按【Enter】键另起一行，在空白行输入文字"奖励的工作流程："，设置【字体】为【华文行楷】，【字号】为【小四】，字体颜色为【橙色，着色2，深色12%】。

2 插入插图

在"奖励的工作流程："内容后按【Enter】键，单击【插入】选项卡下【插图】选项组中的【SmartArt】按钮 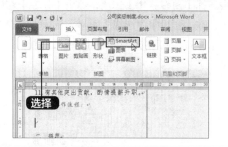 。

3 选择插图

弹出【选择SmartArt图形】对话框，选择【流程】选项卡，然后选择【重复蛇形流程】选项，单击【确定】按钮。

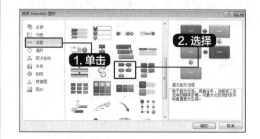

4 调整图形

即可在文档中插入SmartArt图形，在SmartArt图形的【文本】处单击，输入相应的文字并调整SmartArt图形大小。

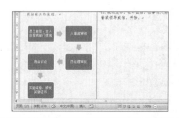

5 重复步骤插入

按照同样的方法，为文档添加"惩罚的工作流程"SmartArt图形，在SmartArt图形上输入相应的文本并调整大小后如下图所示。

第4步：设计页眉页脚

可以为文档设置页眉页脚，具体的操作步骤如下。

1 选择【页眉】按钮

单击【插入】选项卡下【页眉和页脚】选项组中的【页眉】按钮 ，在弹出的下拉列表中选择【空白】选项。

2 输入内容并设置对齐方式

在页眉中输入内容，这里输入"××公司奖惩制度"。设置【字体】为【仿宋】，【字号】为【小五】。然后单击【开始】选项卡下【段落】选项组中的【左对齐】按钮 。

3 插入页脚内容

使用同样的方法为文档插入页脚内容"××公司"，设置页脚【字体】为【仿宋】，【字号】为【小五】，然后单击【开始】选项卡下【段落】选项组中的【右对齐】按钮 ，设置的效果如图所示。

4 完成设置

在文档的任意处双击，关闭页眉页脚编辑状态。至此，公司奖罚制度制作完成，最终效果如下图所示。

12.2 设计应聘人员基本情况登记表

本节视频教学时间 / 7分钟

人力资源管理中，最重要的一项工作就是招聘，制作好一份详细的应聘者基本情况登记表，不仅有助于招聘工作的顺利进行，而且可以提高工作的效率。

应聘人员基本情况登记表				
个人情况	姓名	性别	出生年月	（近期照片）
	毕业院校	学历	学位	
	毕业时间	专业	婚否	
	籍贯	民族	政治面貌	
	家庭住址		电话	
	邮箱			
工作/教育/社会实践经历	起止年月	工作单位及所在部门		职位
	外语水平		计算机水平	
	应聘职位			
	期望月薪			
	本人保证以上所填内容真实、有效，如有虚假愿承担一切责任！			本人签字

案例制作

下面讲述应聘人员基本情况登记表的具体操作步骤。

第1步：合并单元格和自动换行

▌1 新建工作簿

新建一个名为"应聘人员基本情况登记表.xlsx"工作簿，打开该工作簿输入登记表的相关内容（也可以打开随书光盘中的"素材\ch12\应聘人员基本情况登记表.xlsx"工作簿），如下图所示。

▌2 设置对齐方式

选择单元格区域A1:I1，单击【开始】选项卡下【对齐方式】选项组中的【合并后居中】按钮。

▌3 合并单元格

即可合并单元格，合并后的单元格如下图所示。

▌4 合并其他单元格

按照同样的方法合并其他单元格，合并单元格后的工作表如下图所示。

▌5 自动换行

选择单元格A8，单击【开始】选项卡下【对齐方式】选项组中的【自动换行】按钮，即可将该单元格设置为自动换行。

第2步：设置行高和列宽

▌1 选择【行高】选项

选择单元格区域A1:I18，单击【开始】选项卡下【单元格】选项组中的【格式】按钮，在弹出的下拉列表中选择【行高】选项。

2 设置行高

弹出【行高】对话框，设置【行高】为"12"，单击【确定】按钮。

3 完成设置

即可设置单元格区域的行高。

4 设置列宽

使用同样的方法设置A、B、D、F、H、I列【列宽】为"8"，C、E、G列【列宽】为"11"，如下图所示。

第3步：设置文本格式和表格边框线

1 设置标题行字体

选择标题行文本"应聘人员基本情况登记表"，在【开始】选项卡下【字体】选项组中设置其【字体】为"黑体"，【字号】为"18"。

2 设置单元格字体和对齐方式

选择A2:I18单元格区域，设置其【字体】为"宋体"，【字号】为"12"，对齐方式设置为水平居中和垂直居中。

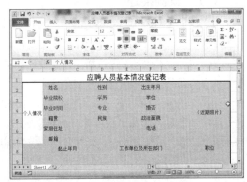

3 添加框线

选择单元格区域A1:I18，单击【开始】选项卡下【字体】选项组中的【边框】按钮右侧的下拉按钮，在弹出的下拉列表中选择【所有框线】选项。

4 完成制作

即可为选择的区域添加框线，招聘者基本情况登记表的最终效果如下图所示。至此，招聘者基本情况登记表就制作完成了。

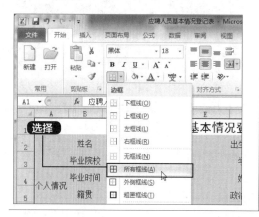

至此，应聘人员基本情况登记表就制作完成了，读者也可以根据需求在表格中增加其他相应的登记信息，根据打印纸张需求，设置页面的布局。同样，也可以根据该表的制作方法，设计入职登记表、个人简历等人事表格。

12.3 制作员工培训PPT

本节视频教学时间 / 15分钟

员工培训是组织或公司为了开展业务及培训人才的需要，采用各种方式对员工进行有目的、有计划的培养和训练的管理活动，以使员工不断更新知识并开拓技能，从而提高工作的效率。

12.3.1 案例描述

员工培训是对公司内部不同的员工进行有目的、有计划的培养和训练的管理活动，以提高员工的能力水平。如对技术人员培训，可以提高他们的技术理论水平和专业技能，增强技术创新和改造的能力，如对新入职员工进行培训，使他们熟悉工作环境，认识公司文化，以提高个人素质、职业道德和团队意识等，使其从局外人转变成企业人，发挥自己的才能。

而员工培训PPT，则是人事部门最为常用的演示文稿之一，它可以辅助培训老师准确且直观地传达培训信息，避免了呆板乏味的培训方式。在本案例中，主要包括开始页、欢迎页、公司介绍、学习目标、总结等内容，旨在帮助读者掌握PPT的应用及员工培训PPT的制作流程。

12.3.2 案例制作

制作员工培训PPT的具体步骤如下。

第1步：创建员工培训首页幻灯片页面

1 页面设置

新建一个"员工培训.pptx"演示文稿，单击【设计】选项卡下【页面设置】选项组中的【页面设置】按钮，弹出【页面设置】对话框，在【幻灯片大小】下拉列表中选择【全屏显示（4:3）】选项，单击【确定】按钮。

2 设置主题

单击【设计】选项卡下【主题】选项组中的【其他】按钮，在弹出的下拉列表中的【内置】区域内选择一种主题样式。

3 输入内容

单击【单击此处添加标题】文本框，输入"员工培训"文本，设置其【字体】为"方正舒体"，【字号】为"96"，单击【单击此处添加副标题】文本框，输入"演讲者：孔经理2015年8月15日"。

4 插入图片

单击【插入】选项卡下【图像】选项组中的【图片】按钮，在弹出的【插入图片】对话框中选择要插入的图片，这里选择随书光盘中的"素材\ch12\员工培训\员工培训1.jpg"图片，单击【插入】按钮。

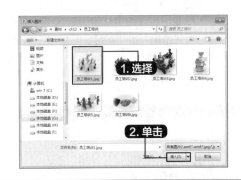

5 设置柔化边缘椭圆样式

对插入的图片进行调整后，单击【格式】选项卡下【图片样式】选项组中的【其他】按钮，在弹出的下拉列表中选择【柔化边缘椭圆】选项，即可为插入的图片设置柔化边缘椭圆样式。

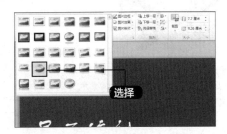

6 翻转式由远及近

选中"员工培训"文本框，单击【动画】选项卡下【动画】选项组中的【其他】按钮，在弹出的列表中选择【翻转式由远及近】效果。

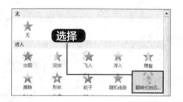

7 设置动画的开始时间

单击【动画】选项卡下【动画】选项组中的【开始】右侧的下拉按钮，在弹出的下拉列表中选择【上一动画之后】选项，设置动画的开始时间为"上一动画之后"。

8 设置切换效果

单击【转换】选项卡下【切换到此幻灯片】选项组中的【其他】按钮，在弹出的下拉列表中选择【淡出】效果，为本张幻灯片设置切换效果。

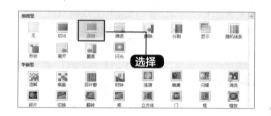

第2步：创建员工培训欢迎幻灯片页面

1 插入并调整图片

新建【标题和内容】幻灯片，删除【单击此处添加标题】和【单击此处添加文本】文本框，插入随书光盘中的"素材\ch12\员工培训\员工培训2.jpg"图片，调整图片的大小及位置并为图片设置柔化边缘椭圆样式。

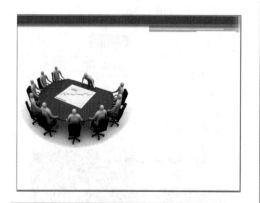

2 选择艺术字样式

单击【插入】选项卡下【文本】选项组中的【艺术字】按钮，在弹出的下拉列表中选择【填充-靛蓝，强调文字颜色1】选项。

3 输入内容并设置艺术字

在插入的艺术字文本框中输入"欢迎！"文本，设置其【字体】为【华文彩云】，【字号】为"96"，设置【字体颜色】为"青色，强调文字颜色2，深色12%"，调整艺术字的位置。

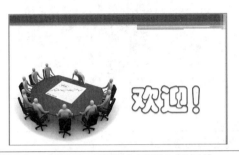

4 设置切换效果

单击【转换】选项卡下【切换到此幻灯片】选项组中的【其他】按钮 ▼ ，在弹出的下拉列表中选择【闪光】选项，为本张幻灯片设置切换效果。

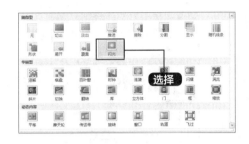

第3步：创建员工培训公司简介幻灯片

1 新建幻灯片

新建【标题和内容】幻灯片，单击【单击此处添加标题】文本框，输入"公司简介"。

2 输入文本

单击【单击此处添加文本】文本框，输入公司简介的内容（或者打开随书光盘中的"素材\ch12\员工培训\公司简介.txt"文件，复制、粘贴即可）。

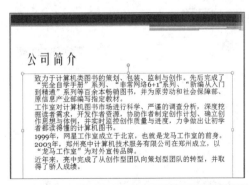

3 选择【项目符号和编号】选项

选中插入的文本内容，单击【开始】选项卡下【段落】选项组中的【项目符号】按钮 ▤ ▼ 右侧的下拉按钮，在弹出的下拉列表中选择【项目符号和编号】选项。

4 设置项目符号

弹出【项目符号和编号】对话框，选择一种项目符号，并设置项目符号的颜色为"橙色，强调文字颜色4，深色12%"，单击【确定】按钮。

5 显示效果

效果如下图所示。

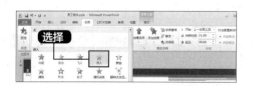

6 设置动画的开始时间

单击选中公司简介内容的文本框，单击【动画】选项卡下【动画】选项组中的【其他】按钮，在弹出的列表中选择【浮入】效果，设置动画的开始时间为"上一动画之后"。

7 设置切换效果

单击【切换】选项卡下【切换到此幻灯片】选项组中的【其他】按钮，在弹出的下拉列表中选择【擦除】效果，为本张幻灯片设置切换效果。

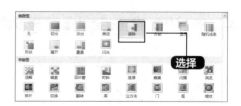

第4步：创建员工培训学习目标幻灯片

1 输入标题

新建【标题和内容】幻灯片，单击【单击此处添加标题】文本框，输入"学习目标"。

2 输入文本并设置字体和项目符号

单击【单击此处添加文本】文本框，输入学习的内容，设置其【字体】为"华文行楷"，【字号】为"40"，并设置字体及项目符号的颜色为"橙色，着色2，深色80%"。

3 插入图片并设置映像圆角矩形样式

插入随书光盘中的"素材\ch12\员工培训\员工培训3.jpg"图片，调整图片的大小及位置并为图片设置映像圆角矩形样式。

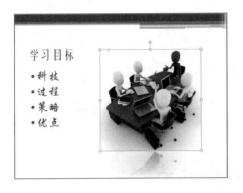

4 选择【形状】选项

选中插入的图片，单击【动画】选项卡下【动画】选项组中的【其他】按钮，在弹出的列表中选择【动作路径】组中的【形状】效果，设置动画的开始时间为"上一动画之后"。

5 选择【浮入】选项

选中学习目标内容文本框，单击【动画】选项卡下【动画】选项组中的【其他】按钮，在弹出的列表中选择【浮入】效果，设置动画的开始时间为"与上一动画同时"。

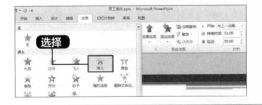

6 设置切换效果

单击【转换】选项卡下【切换到此幻灯片】选项组中的【其他】按钮，在弹出的下拉列表中选择【形状】效果，为本张幻灯片设置切换效果。

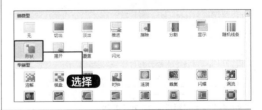

第5步：创建员工培训曲线学习技术幻灯片页面

1 输入标题文本

新建【标题和内容】幻灯片，单击【单击此处添加标题】文本框，输入"曲线学习技术"。

2 插入图表

将【单击此处添加文本】文本框删除，单击【插入】选项卡下【插图】选项组中的【图表】按钮。

3 选择图表样式

弹出【插入图表】对话框，选择【折线图】组中的【堆积折线图】选项，单击【确定】按钮。

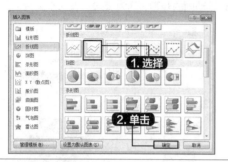

4 设置图表数据

在弹出的【Microsoft PowerPoint中的图表】对话框中设置如下数据。

	A	B	C
1	新员工	进度	
2	1年	2	
3	2年	3	
4	3年	5	
5	5年	8	
6			
7			
8		若要调整图表数据区域	
9			

5 调整图表位置

关闭【Microsoft PowerPoint中的图表】对话框，调整图表的位置，效果如下图所示。

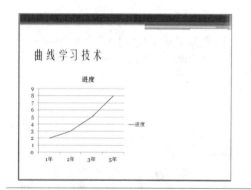

6 设置纹理

在插入的图表上单击鼠标右键，在弹出的快捷菜单中选择【设置绘图区格式】选项，弹出【设置绘图区格式】对话框。在左侧选择【填充】选项，在右侧选择【图片或纹理填充】单选钮，单击【纹理】按钮，设置其纹理。

7 删除字样并插入五角星形状

设置好纹理之后，关闭【设置绘图区格式】对话框，删除图表右侧的"-进度"字样，在幻灯片中插入一个五角星形状。

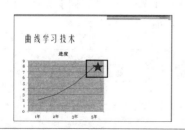

8 设置五角星形状

选择五角星形状，设置五角星形状的【填充颜色】为"浅蓝"，【填充轮廓】为"无轮廓"，调整形状至合适的位置。

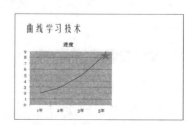

9 插入并调整图片

插入随书光盘中的"素材\ch12\员工培训\员工培训4.jpg"图片，调整图片的大小及位置并为图片设置柔化边缘矩形样式。

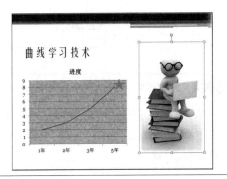

10 设置幻灯片切换效果

单击【转换】选项卡下【切换到此幻灯片】选项组中的【其他】按钮，在弹出的下拉列表中选择【涟漪】选项，为本张幻灯片设置切换效果。

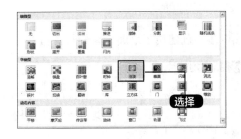

第6步：创建员工培训总结幻灯片页面

1 输入标题文本

新建【标题和内容】幻灯片，单击【单击此处添加标题】文本框，输入"总结"文本。

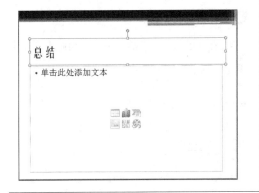

2 输入内容并设置字体

单击【单击此处添加文本】文本框，输入总结的内容。选择总结的内容文本，设置其【字体】为"华文行楷"，【字号】为"32"，并设置字体及项目符号的颜色为"青色，着色2，深色12%"。

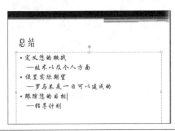

3 插入图片并设置样式

插入随书光盘中的"素材\ch12\员工培训\ 员工培训5.jpg"图片，调整图片的大小及位置并为图片设置柔化边缘矩形样式。

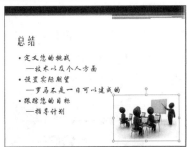

4 设置动画效果

选中学习目标内容文本框，单击【动画】选项卡下【动画】选项组中的【其他】按钮，在弹出的列表中选择【随机线条】效果，设置动画的开始时间为"上一动画之后"，并设置幻灯片页面的切换效果。

第7步：创建员工培训结束幻灯片页面

1 新建幻灯片

新建【空白】幻灯片，插入随书光盘中的"素材\ch12\员工培训\员工培训6.jpg"图片，调整图片的大小及位置。

2 选择艺术字样式

单击【插入】选项卡下【文本】选项组中的【艺术字】按钮，在弹出的下拉列表中选择一种艺术字样式。

3 输入内容并设置艺术字样式

在插入的艺术字文本框中输入"培训结束，谢谢大家！"文本，设置其【字号】为"60"，设置【字体颜色】为"青色，着色2，深色12%"，调整艺术字的位置。

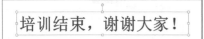

4 选择【旋转】选项

选中艺术字文本框，单击【动画】选项卡下【动画】选项组中的【其他】按钮，在弹出的列表中选择【旋转】效果，设置动画的开始时间为"上一动画之后"。

5 设置切换效果

单击【转换】选项卡下【切换到此幻灯片】选项组中的【其他】按钮，在弹出的下拉列表中选择【覆盖】效果，为本张幻灯片设置切换效果。

6 完成制作

重新保存制作好的"员工培训"文档，最终效果如下图所示。

第 **13** 章
Office在市场管理中的应用

本章介绍Office 2010在市场管理中的应用，主要包括制作供应商自评报告、进存销表以及工资对比分析PPT等。

学习效果图

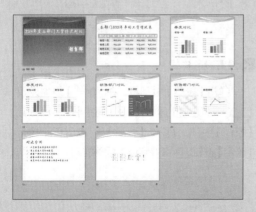

13.1 供应商自评报告

本节视频教学时间 / 4分钟

本节使用Word 2010制作一份供应商自评报告。

13.1.1 案例描述

供应商自评报告，一般是根据相关的评估准则的要求，在履行必要评估程序后，对评估对象在评估基准的特定目的下，由其所在评估机构出具的书面专业意见。供应商自评报告主要用于向客户介绍供应商的基本情况以及各项能力，以吸引客户为主要目的。一份好的供应商自评报告不仅要具有权威性，还要结构合理、表达直观，让客户能够快速地了解供应商的信息。

供应商自评报告主要用于以销售、建筑工程等为主的行业，是文秘、市场营销、销售等岗位员工必备的Word技能。

13.1.2 案例制作

本节使用Word 2010制作供应商自评报告的具体操作步骤如下。

第1步：设置基本信息

1 新建文档

新建Word 2010文档，并将其另存为"供应商自评报告.docx"文件。

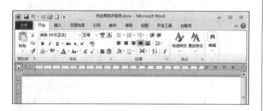

2 输入内容并设置字体样式

在文档中输入"供应商自评报告"文本，并设置其【字体】为"方正楷体简体"，【字号】为"小初"。

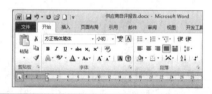

3 选择输入的文本

选择输入的文本，并单击鼠标右键，在弹出的快捷菜单中选择【段落】选项。

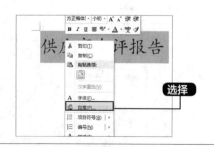

4 设置段落样式

弹出【段落】对话框，在【常规】组中设置【对齐方式】为"居中"，在【间距】组中设置其【段前】为"0.5行"，【段后】为"0.5行"，单击【确定】按钮，即可看到设置段落样式后的效果。

第2步：制作表格

1 插入表格

单击【插入】选项卡下【表格】选项组中【表格】按钮的下拉按钮，在弹出的下拉列表中选择【插入表格】选项。

3 完成插入

即可完成表格的插入。

5 完成合并

完成单元格的合并操作。

2 设置【列数】和【行数】

弹出【插入表格】对话框，设置【列数】为"6"，【行数】为"13"，单击【确定】按钮。

4 合并单元格

选择第3行～第5行中第一列的单元格，单击鼠标右键，在弹出的快捷菜单中选择【合并单元格】选项。

6 合并剩余单元格

分别选择第3行~第5行中剩余的单元格并将其合并。

7 合并其他单元格

使用同样的方法合并其他单元格。

8 插入新行

将鼠标光标插入表格最后一行的结尾，按【Enter】键即可插入新行。

第3步：输入其他内容

1 输入内容

在表格中输入相关内容，如下图所示。

2 设置对齐方式

选择表格中第1行、第2行和第1列的文本，在【布局】选项卡下的【对齐方式】组中设置【对齐方式】为"水平居中"。

3 设置第2个段落对齐方式

选择第3行中的第2个段落，设置其【对齐方式】为"右对齐"，并使用同样的方法设置其他段落。

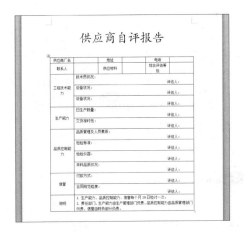

4 完成设置

根据需要设置字体的样式、调整行高和列宽等，设置完成保存文档。

至此，就完成了供应商自评报告的制作。

13.2 建立进存销表

本节视频教学时间 / 7分钟

对于一些小企业来说，产品的进存销存量不大，购买一套专业的进存销软件并不是一个很好的做法。可以利用Excel制作简单的进存销管理系统。

13.2.1 案例描述

进存销管理是在企业生产经营中对商品的全程跟踪管理，从接获订单合同开始，对采购、入库，以及销售数量、现有存货等进行详尽准确的管理，有效辅助企业解决业务管理、分销管理、存货管理等。使用进存销系统能够极大地提高仓库管理和批发销售的效率，不仅极大减少了库存管理和批发销售的错误，也提升了办事的效率，节省了人力、时间和支出，同时也极大地提升了企业高科技的运作的形象和客户满意度。

进存销表适用于规模较小的主要进行商品批发、零售或者是总经销等的行业，是市场、销售、会计等岗位员工可以使用的表格。

13.2.2 案例制作

使用Excel 2010制作进存销管理系统的具体操作步骤如下。

第1步：完善表格信息

1 设置字体和列宽

打开随书光盘中的"素材\ch13\进存销管理系统.xlsx"工作表，选择A2:O3单元格区域，将其字体设置为居中显示，并适当地调整列宽。

2 对齐方式

选择A2:A3单元格区域，单击【开始】选项卡下【对齐】选项组中的【合并后对齐】按钮。

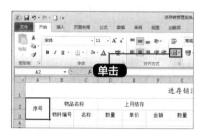

3 输入名称

选择"Sheet2"工作表，将其命名为"数据表"。

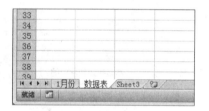

4 完成创建

在工作表中输入如下图所示数据，也可以根据实际情况进行输入，适当进行美化。

	A	B	C
1	物料编号	名称	
2	A1001	冰箱	
3	A1002	彩电	
4	A1003	洗衣机	
5	A1004	空调	
6	A1005	电磁炉	
7	A1006	电饼铛	
8	A1007	豆浆机	
9	A1008	空调扇	
10	A1009	榨汁机	
11	A1010	压力锅	

第2步：定义名称

1 选择【根据所选内容创建】按钮

选择"数据表"工作表中的A1:B11单元格区域，单击【公式】选项卡下【定义的名称】选项组中的【根据所选内容创建】按钮。

2 选中【首行】复选框

弹出【以选定区域创建名称】对话框，单击选中【首行】复选框，单击【确定】按钮。

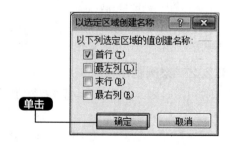

3 完成定义

按【Ctrl+F3】组合键可以查看定义的名称，然后单击【关闭】按钮。

第3步：设置数据有效性

1 选择空白单元格

在"1月份"工作表中选择B4单元格，按【Ctrl+Shift+↓】组合键，选择所有的B列空白单元格。

2 选择【数据有效性】选项

单击【数据】选项卡下【数据工具】选项组中的【数据有效性】按钮，在弹出的下拉列表中选择【数据有效性】选项。

3 设置数据有效性

弹出【数据有效性】对话框，在【允许】下拉列表中选择【序列】选项，在【来源】文本框中输入"=物料编号"，单击【确定】按钮。

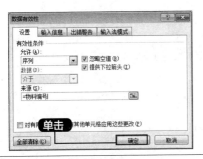

4 完成设置

此时就完成了数据有效性的设置，单击B列的空白单元格，将会显示下拉按钮，单击下拉按钮，即可在弹出的下拉列表中选择物料编号。

第4步：使用公式与函数

1 输入公式

选择C4单元格，输入公式"=IF(B4="","",VLOOKUP(B4,数据表!$A$1:$B$11,2,))"，按【Enter】键，即可自动填入与B4单元格对应的物料名称。

2 填充

使用填充功能，将公式填充至C列足够多的空白单元格。在B列选择物料编号后，将会自动在C列显示对应的物料名称。

4 在F4单元格输入公式

在【上月结存】栏目下输入上月结存的数量和单价，在F4单元格输入公式"=D4*E4"。

6 在L4单元格输入公式

在【本月出库】栏目下输入本月出库的数量和单价，在L4单元格输入公式"=J4*K4"。

8 填充

根据需要输入相关的内容，然后分别使用填充功能将F4、I4、L4、M4、N4、O4单元格中的公式进行填充即可。

3 输入公式并填充

选择A4单元格，输入公式"=IF(B4<>"",MAX(A\$3:A3)+1,"")"，按【Enter】键，自动生成序列号，并使用填充功能进行填充。

5 在I4单元格输入公式

在【本月入库】栏目下输入本月入库的数量和单价，在I4单元格输入公式"=G4*H4"。

7 在O4单元格输入公式

在【本月结余】栏目的M4单元格中输入公式"=D4+G4-J4"，在N4单元格中输入公式"=K4"，在O4单元格输入公式"=M4*N4"。

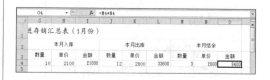

至此，就完成了进存销管理系统的制作，如果要设计其他月份的进存销，只要新建工作表并进行相应的输入即可。

13.3 制作工资对比分析PPT

本节视频教学时间 / 9分钟

本节使用PowerPoint 2010制作工资对比分析PPT。

13.3.1 案例描述

制作工资对比分析PPT可以让员工看到企业员工工资情况，能够促进员工的工作热情，提高员工工作积极性。在制作工资对比分析PPT时，还需要对员工的工资情况进行简单的分析，不仅要使员工能够清楚地了解在工作中存在的问题，还要使员工清楚优势所在，从而使各部门员工能同心协力，加快企业发展，提高员工的工资，进而提高企业的效益。

工资对比分析PPT适用于任何希望提高员工待遇的行业，主要由财务部、会计部等岗位员工根据实际工资发放情况进行统计、对比，然后由文秘等岗位员工根据对比结果进行分析，以提出问题并给出解决的方案。

13.3.2 案例制作

使用PowerPoint 2010制作工资对比分析PPT的具体操作步骤如下。

第1步：设置幻灯片首页

1 删除页面的占位符

新建PowerPoint 2010文档，并将其另存为"工资对比分析PPT.pptx"，并删除页面中的所有占位符。

2 选择主题样式

单击【设计】选项卡下【主题】选项组中的【其他】按钮 ▾，在弹出的下拉列表中选择一种主题样式。

3 选择艺术字样式

单击【插入】选项卡下【文本】选项组中的【艺术字】按钮 ，在弹出的下拉列表中选择一种艺术字样式。

4 输入文本

即可在幻灯片页面中插入【请在此放置您的文字】艺术字文本框，删除文本框中的文字，输入"2015年度各部门工资情况对比"。

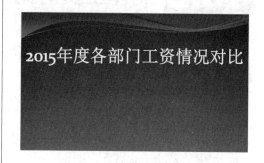

5 设置字体大小

根据需要在【开始】选项卡下【字体】选项组中设置字体的大小，并移动艺术字的位置。

6 输入新的艺术字

重复步骤 3 ~ 5 ，输入新的艺术字。

7 设置艺术字的样式

在【格式】选项卡下的【形状样式】选项组和【艺术字样式】选项组中设置艺术字的样式。

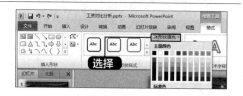

第2步：设计工资情况页面

1 选择【标题和内容】选项

单击【开始】选项卡下【幻灯片】选项组的【新建幻灯片】按钮，在弹出的下拉列表中选择【标题和内容】选项。

2 输入文本并设置字体

新建"标题和内容"幻灯片。在标题文本框中输入"各部门2015年平均工资情况表"文本，单击【开始】选项卡下【字体】选项组中的【字体】按钮，在弹出的下拉列表中选择"华文行楷"选项。设置其【字号】为"48"，设置【字体颜色】为"蓝色"。

3 插入表格

删除"内容"文本占位符。单击【插入】选项卡下【表格】选项组中的【表格】按钮，在弹出的下拉列表中选择【插入表格】选项。

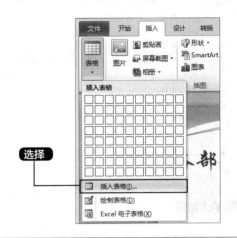

4 设置列数和行数

弹出【插入表格】对话框，设置【列数】为"5"，【行数】为"5"，单击【确定】按钮。

5 输入内容并调整表格

完成表格的插入，输入相关内容（可以打开随书光盘中的"素材\ch13\部门平均工资表.xlsx"文件，按照表格内容输入），并适当地调整表格内容的大小。

各部门2015年平均工资情况表

部门名称	第一季度	第二季度	第三季度	第四季度
销售一部	¥16,200	¥25,000	¥24,000	¥19,800
销售二部	¥19,550	¥21,000	¥23,400	¥36,000
销售三部	¥21,540	¥26,000	¥29,800	¥26,800
销售四部	¥26,180	¥28,000	¥35,100	¥28,500

6 更改表格样式

选择绘制的表格，在【设计】选项卡下可以更改表格的样式。

各部门2015年平均工资情况表

部门名称	第一季度	第二季度	第三季度	第四季度
销售一部	¥16,200	¥25,000	¥24,000	¥19,800
销售二部	¥19,550	¥21,000	¥23,400	¥36,000
销售三部	¥21,540	¥26,000	¥29,800	¥26,800
销售四部	¥26,180	¥28,000	¥35,100	¥28,500

第3步：设置季度对比页面

1 输入文本

新建"比较"幻灯片页面，在标题占位符中输入"季度对比"，在下方的文本框中分别输入"销售一部"和"销售二部"。

2 插入图表

单击下方左侧文本占位符中的【插入图表】按钮，弹出【插入图表】对话框，选择要插入的图表类型，单击【确定】按钮。

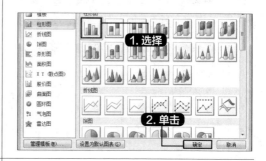

3 输入数据

弹出【Microsoft PowerPoint中的图表】工作表，在其中根据第2张幻灯片页面中的内容输入相关数据。

4 显示效果

关闭工作表，即可看到插入图表后的效果。

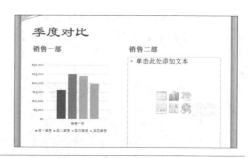

5 插入"销售二部"各季度的工资情况

使用同样的方法，插入"销售二部"各季度的工资情况。

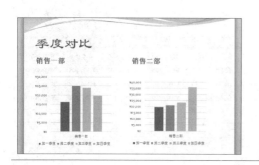

6 设置第4张幻灯片

重复步骤 1~5 的操作，设置第4张幻灯片。

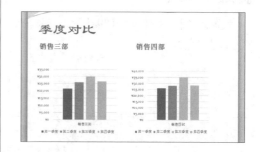

第4步：设置其他页面

1 设置对比页面

新建"比较"幻灯片页面，在标题占位符中输入"销售部门对比"，在下方的文本框中分别输入"第一季度"和"第二季度"，并分别插入图表。在【设计】选项卡下的【图表样式】选项组中还可以根据需要更改图表的样式。

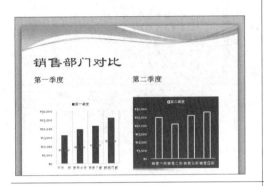

2 创建其他图表

使用同样的方法创建其他图表，并根据需要更改图表的样式。

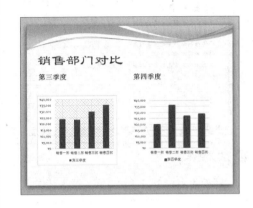

3 更改表样式

如果要更改图表的样式，选择需要更改样式的图表，单击【设计】选项卡下【类型】选项组中的【更改图片类型】按钮，弹出【更改图表类型】对话框，选择新的图表类型，单击【确定】按钮。

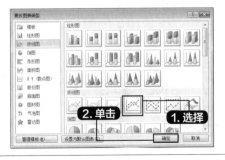

4 显示效果

更改样式后效果如下图所示。

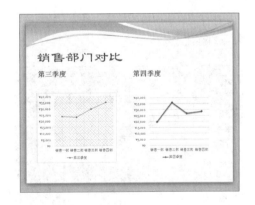

5 输入标题

新建"标题和内容"幻灯片页面。输入标题"对比分析"，并设置字体样式。

6 输入对比结果

在内容文本框输入对比结果。

7 设置字体样式和编号

根据需要设置字体样式，并单击【开始】选项卡下【段落】选项组中的【编号】按钮的下拉按钮，为输入的文本设置编号。

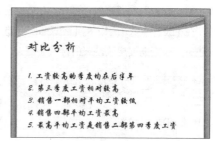

8 完成制作

新建【空白】幻灯片页面。插入艺术字文本框，输入"谢谢欣赏！"文本，并根据需要设置字体样式。结束幻灯片的制作。

第5步：设置幻灯片的切换效果

1 选择幻灯片

选择要设置切换效果的幻灯片，这里选择第1张幻灯片。

2 选择切换效果

单击【转换】选项卡下【切换到此幻灯片】选项组中的【其他】按钮，在弹出的下拉列表中选择【华丽型】栏下的【百叶窗】切换效果，即可自动预览该效果。

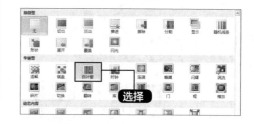

3 设置持续时间

在【切换】选项卡下【计时】选项组中的【持续时间】微调框中设置【持续时间】为"01.60"。

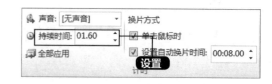

4 设置其他幻灯片

使用同样的方法，为其他幻灯片页面设置
不同的切换效果。

第6步：添加动画效果

1 选择文字

选择第1张幻灯片中要创建进入动画效果的
文字。

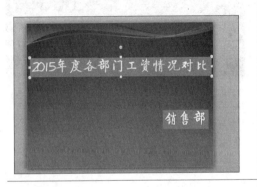

2 单击【其他】按钮

单击【动画】选项卡下【动画】组中的
【其他】按钮 ▾，弹出下图所示的下拉列表。

3 添加动画效果

在下拉列表的【进入】区域中选择【浮
入】效果，创建进入动画效果。

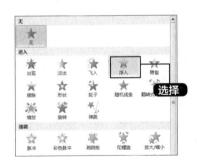

4 设置下浮动画效果

添加动画效果后，单击【动画】选项组中
的【效果选项】按钮，在弹出的下拉列表中选
择【下浮】选项。

5 设置持续时间

在【动画】选项卡的【计时】选项组中设
置【开始】为"上一动画之后"，设置【持续
时间】为"02.00"。

6 设置不同动画效果

参照步骤 **1** ~ **5** 为其他幻灯片页面中的内容设置不同的动画效果。

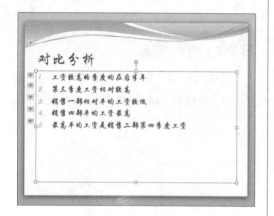

7 播放幻灯片

完成幻灯片制作之后，按【F5】键，即可开始放映幻灯片。

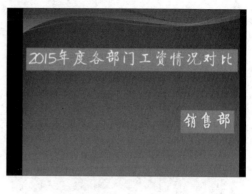

至此，就完成了工资对比分析PPT的制作。只需要将制作完成的幻灯片进行保存即可。

第 **14** 章

Office实战秘技

学习Office最终是为了实战，本章就介绍Office的实战秘技，包括Word、Excel和PowerPoint之间的协作，Office插件的使用以及使用手机、平板电脑办公的方法。

学习效果图

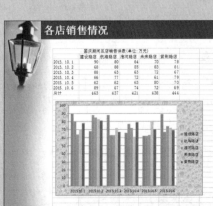

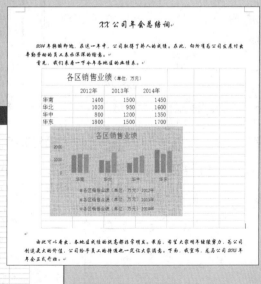

14.1 Office组件间的协作

本节视频教学时间 / 10分钟

通过Office组件间的协作，可以实现Word、Excel、PowerPoint之间的相互调用，提高工作效率。

14.1.1 在Word中插入Excel工作表

当制作的Word文档涉及报表时，我们可以直接在Word中创建Excel工作表，这样不仅可以使文档的内容更加清晰、表达的意思更加完整，而且可以节约时间，其具体的操作步骤如下。

1 插入Excel电子表格

打开随书光盘中的"素材\ch14\创建Excel工作表.docx"文件，将鼠标光标放在需要插入表格的位置，单击【插入】选项卡下【表格】选项组中的【表格】按钮，在弹出的下拉列表中选择【Excel电子表格】选项。

3 输入数据

在Excel电子表格中输入如图所示数据。

2 编辑Excel电子表格

返回Word文档，即可看到插入的Excel电子表格，双击【Excel电子表格】即可进入工作表的编辑状态。

4 插入图表

选择单元格区域A1:D6，单击【插入】选项卡下【图表】选项组中的【柱形图】按钮，在弹出的下拉列表中选择【柱形图】选项。

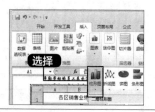

5 拖曳图表

即可在图表中插入下图所示柱形图，当鼠标指针变为 ✛ 形状时，按住鼠标左键，拖曳图表区到合适位置。

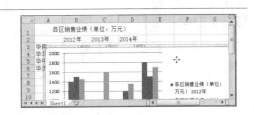

6 设置绘图区格式

选择【绘图区】区域，单击鼠标右键，在弹出的快捷工具栏中选择【设置绘图区格式】选项，弹出【设置绘图区格式】对话框。选择【填充】选项卡，选择【图片或纹理填充】▶【纹理】▶【画布】选项，然后关闭对话框。

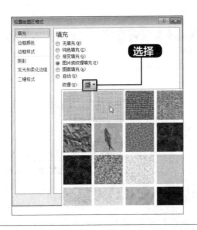

7 调整工作表

再次调整工作表的大小和位置，并单击文档的空白区域返回Word文档的编辑窗口，最后效果如图所示。

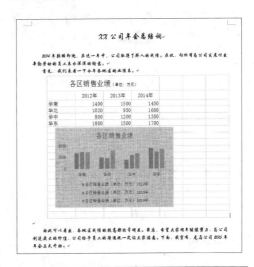

14.1.2 在Word中调用PowerPoint演示文稿

在Word中不仅可以直接调用PowerPoint演示文稿，还可以在Word中播放演示文稿，具体操作步骤如下。

1 选择插入位置

打开随书光盘中的"素材\ch14\Word调用PowerPoint.docx"文档，将鼠标光标定位在要插入演示文稿的位置。

2 选择【对象】选项

单击【插入】选项卡下【文本】选项组中【对象】按钮 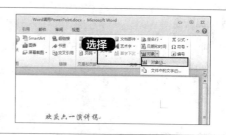 右侧的下拉按钮，在弹出列表中选择【对象】选项。

3 选择【由文件创建】选项卡

弹出【对象】对话框，选择【由文件创建】选项卡，单击【浏览】按钮。

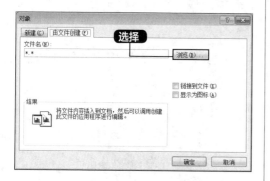

4 插入文稿

在打开的【浏览】对话框中选择随书光盘中的"素材\ch14\六一儿童节快乐.pptx"文件，单击【插入】按钮，返回【对象】对话框，单击【确定】按钮，即可在文档中插入所选的演示文稿。

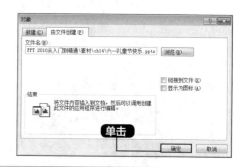

5 调整文稿

插入PowerPoint演示文稿后，拖曳演示文稿四周的控制点可调整演示文稿的大小。在演示文稿中单击鼠标右键，在弹出的快捷菜单中选择【"演示文稿"对象】▶【显示】选项。

6 播放文稿

弹出【Microsoft PowerPoint】对话框，然后单击【确定】按钮，即可播放幻灯片，效果如图所示。

14.1.3 在Excel中调用PowerPoint演示文稿

在Excel中调用PowerPoint演示文稿，可以节省软件之间来回切换的时间，使我们在使用工作表时更加方便，具体的操作步骤如下。

1 单击【插入对象】按钮

新建一个Excel工作表，单击【插入】选项卡下【文本】选项组中的【插入对象】按钮，弹出【对象】对话框，选择【由文件创建】选项卡，单击【浏览】按钮。

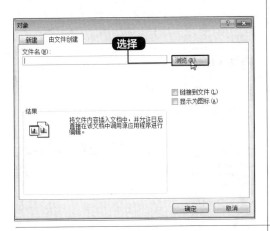

2 插入文稿

在打开的【浏览】对话框中选择将要插入的PowerPoint演示文稿，此处选择随书光盘中的"素材\ch14\统计报告.pptx"文件，然后单击【插入】按钮。

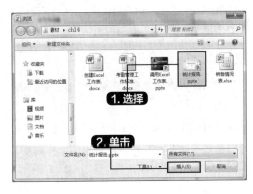

3 调整文稿

返回【对象】对话框，单击【确定】按钮，即可在文档中插入所选的演示文稿。插入PowerPoint演示文稿后，可以通过演示文稿四周的控制点来调整演示文稿的位置及大小。

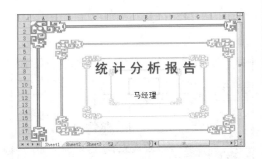

4 选择【显示】选项

选中幻灯片，单击鼠标右键，在弹出的快捷菜单中选择【演示文稿对象】➤【显示】选项。

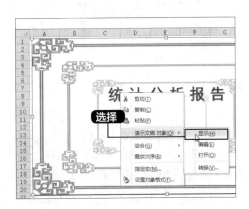

5 播放幻灯片

弹出【Microsoft PowerPoint】对话框，然后单击【确定】按钮，即可播放幻灯片。

14.1.4 在PowerPoint中调用Excel工作表

用户可以将Excel中制作完成的工作表调用到PowerPoint演示文稿中进行放映，从而为讲解省去许多麻烦，具体的操作步骤如下。

1 新建幻灯片

打开随书光盘中的"素材\ch14\调用Excel工作表.pptx"文件，选择第2张幻灯片，然后单击【开始】选项卡下【幻灯片】选项组中的【新建幻灯片】按钮，在弹出的下拉列表中选择【仅标题】选项。

2 输入标题

在【单击此处添加标题】文本框中输入"各店销售情况"。

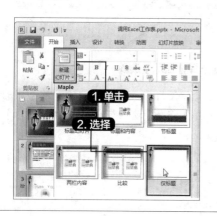

3 选中【由文件创建】选项

单击【插入】选项卡下【文本】选项组中的【插入对象】按钮，弹出【插入对象】对话框，单击选中【由文件创建】单选钮，然后单击【浏览】按钮。

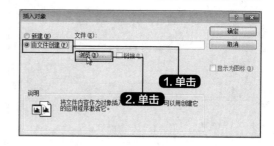

4 插入并编辑表格

在弹出的【浏览】对话框中选择将要插入的Excel文件，此处选择随书光盘中的"素材\ch14\销售情况表.xlsx"文件，然后单击【确定】按钮，并返回【对象】对话框，单击【确定】按钮，即可在文档中插入表格，双击表格，进入Excel工作表的编辑状态，调整表格大小如图所示。

5 计算各店销售总额

分别计算各店的销售总额，结果如图所示。

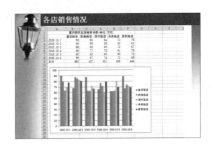

6 插入图表

选择单元格区域A2:F8，单击【插入】选项卡下【图表】选项组中的【柱形图】按钮，在弹出的下拉列表中选择【簇状柱形图】选项。

7 设置图表

插入柱形图后，设置图表的位置和大小，同时调整【绘图区】区域的大小，如图所示。

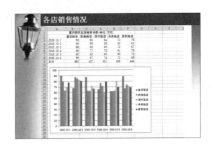

8 选择形状样式

选择【图表区】，单击【图表工具】▶【格式】选项卡下【形状样式】选项组中的【形状填充】按钮，在弹出的下拉列表中选择【纹理】▶【水滴】选项。

9 最终效果

最终效果如图所示。

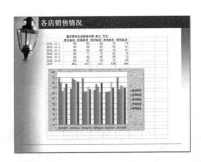

14.2 神通广大的插件应用

本节视频教学时间 / 6分钟

使用插件可以辅助Office办公软件的使用，节约时间。

14.2.1 Office Tab：在文档中加入标签

在Word中加入标签，可以使多个文档存在于同一个窗口中。用户在使用的时候，只需要单击标签，便可以在多个文档中切换不同的文档窗口。

1 Office Tab插件

从官方网站中下载Office Tab插件，并安装至本地计算机中。之后打开一个Word文档，可以发现标签已经存在于Word文档工作区的上方，选项卡中多了一个【办公标签】选项卡。

2 新建文档

单击"文档1"标签后的【新建】按钮，或者按【Ctrl+N】组合键，即可新建一个"文档2"标签。

3 隐藏标签

撤消选中【办公标签】选项卡下【选项】选项组中的【显示标签栏】复选框，即可隐藏标签。

4 再次显示标签

单击选中【办公标签】选项卡下【选项】选项组中的【显示标签栏】复选框，即可再次显示标签。

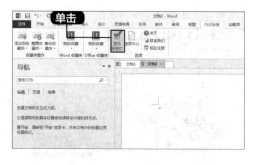

14.2.2　Excel增强盒子：生成随机数

在使用Excel的时候，可以通过编写函数的方法来生成随机数，在安装Excel增强盒子后，可以很轻松地生成任意数值范围内的随机数，使用随机数可以对学生排座位等。其具体操作步骤如下。

1 单击【随机数】按钮

安装Excel增强盒子后，启动Excel 2010，单击【增强盒子】选项卡【数据】选项组中的【随机数】按钮。

2 弹出【随机数生成】对话框

弹出【随机数生成】对话框。单击【请选择需要生成随机数的区域】文本框后面的  按钮。

3 选择随机数生成区域

在工作表中选择随机数生成的区域，这里选择B1:B20单元格区域。

4 设置【随机数范围】中的数值

按【Enter】键，返回【随机数生成】对话框，然后根据需要设置【随机数范围】中的数值，这里设置【最小值】为"1"，【最大值】为"20"，【小数位数】为"0"。

5 生成随机数

单击【确定】按钮，即可生成随机数。

	A	B	C	D	E
1		7			
2		11			
3		18			
4		4			
5		5			
6		20			
7		15			
8		12			
9		2			
10		3			

除了生成随机数外，还可以使用增强盒子直接在表格中插入Flash、GIF动画、视频、图片批注、斜线表头或者隔行插入行、提供批量删除工作表及表格中对象的操作，以及常用的公式转换工具和函数等。

14.2.3　PPT Convert to doc：快速提取PPT中的内容

如果感觉有些PPT中的内容不错，可以用作论文中的资料。传统的方法是将一张一张的幻灯片中的内容复制粘贴到Word文档中，既繁琐，又容易出错。

在此介绍一种简便、快捷的方法，可以使用【PPT Convert to doc】工具将PPT中所有的文字内容快速提取出来。此工具只能转换扩展名为"ppt"的PowerPoint 97-2003格式的演示文稿，所以转换"pptx"演示文稿前，需要先将其另存为"ppt"格式。

1 另存为

打开PPT演示文稿文件，选择【文件】▶【另存为】命令，将文件另存为【PowerPoint 97-2003演示文稿】格式。

2 下载【PPT Convert to doc】工具

下载并运行【PPT Convert to doc】工具。

3 拖动文件到长方形框

将另存后的扩展名为"ppt"的文件拖到此程序中的长方形框中。

4 提取内容

单击【开始】按钮，程序打开Word 2013并开始提取内容，提取完成后，弹出提示框，单击【确定】按钮即可。

5 生成Word文档

程序会在PPT文件所在目录中生成Word文档，文档的内容即为提取自PPT中的文字内容，如图所示。

14.3 在手机、平板电脑中移动办公

本节视频教学时间 / 14分钟

在手机、平板电脑中移动办公可以充分利用时间，提高工作效率。

14.3.1 哪些设备可以实现移动办公

移动办公使得工作更简单、更节省时间，只需要一部智能手机或者平板电脑就可以随时随地进行办公。

无论是智能手机，还是笔记本电脑，或者平板电脑等，只要支持办公所使用的操作软件，均可以实现移动办公。

首先，先来了解一下移动办公的优势都有哪些。

(1) 操作便利简单

移动办公不需要电脑，只需要一部智能手机或者平板电脑。便于携带、操作简单，也不用拘泥于办公室里，即使下班也可以方便地处理一些紧急事务。

(2) 处理事务高效快捷

使用移动办公，办公人员无论出差在外，还是正在上班的路上甚至是休假时间，都可以及时审批公文、浏览公告、处理个人事务等。这种办公模式将许多不可利用的时间有效利用起来，不知不觉中就提高了工作效率。

(3) 功能强大且灵活

由于移动信息产品发展得很快，以及移动通信网络的日益优化，所以很多要在电脑上处理的工作都可以通过移动办公的手机终端来完成，移动办公的功能堪比电脑办公。同时，针对不同行业领域的业务需求，可以对移动办公进行专业的定制开发，可以灵活多变地根据自身需求自由设计移动办公的功能。

移动办公通过多种接入方式与企业的各种应用进行连接，将办公的范围无限扩大，真正地实现了移动着的办公模式。移动办公的优势在于可以帮助企业提高员工的办事效率，还能帮助企业从根本上降低营运的成本，进一步推动企业的发展。

能够实现移动办公的设备必须具有以下几点特征。

(1) 完美的便携性

移动办公设备，如手机、平板电脑和笔记本电脑（包括超级本）等均适合用于移动办公，由于这些设备较小、便于携带、打破了空间的局限性，因此用户不用一直呆在办公室里，在家里、在车上都可以办公。

(2) 系统支持

要想实现移动办公，必须具有办公软件所使用的操作系统，如iOS操作系统、Windows Mobile操作系统、Linux操作系统、Android操作系统和BlackBerry操作系统等具有扩展功能的系统设备。现在流行的苹果手机、三星智能手机、iPad、平板电脑以及超级本等都可以实现移动办公。

(3) 网络支持

很多工作都需要在连接网络的情况下进行，如将办公文件传递给朋友、同事或上司等，所以网络的支持必不可少。目前最常用的网络有2G网络、3G网络及WiFi无线网络等。

14.3.2 如何在移动设备中打开Office文档

在移动设备中办公，需要有适合的软件以供办公使用。如果制作报表、修改文档等，则需要Office办公软件，有些智能手机自带办公软件，而有些手机则需要下载第三方软件。下面介绍在手机中安装"WPS Office"办公软件，并打开Office文档的具体操作步骤。在平板电脑中办公的操作方法与此类似。

1 下载"WPS Office"

在移动设备中搜索并下载"WPS Office"，在搜索结果中单击【下载】按钮。

2 安装"WPS Office"

下载完成之后将会提示安装，单击【安装】按钮安装，安装完成之后，在手机界面中单击软件图标打开软件，则会弹出授权提示，单击【使用WPS Office】按钮。

3 打开软件

此时即可打开该软件，如图所示，单击【打开】按钮。

4 用程序打开文件

在【打开】界面选择要打开的文件类型或者文件存储的位置，这里选择【XLS】选项。

5 单击文件名

即可搜索手机中存储的XLS格式文件，单击文件名称。

6 完成查看

此时即可使用该软件打开要查看的文档。

提示　不同手机使用的办公软件可能有所不同，如iPhone中经常使用的是"Office Plus"办公软件、iPad使用iWork系列办公套件等，这里不再一一赘述。

14.3.3 使用手机、平板电脑移动办公

使用安卓设备制作销售报表的具体操作步骤如下。使用平板电脑办公的操作方法与此类似。

1 打开文件

在手机中打开"销售报表.xlsx"文件，在手机屏幕上双击单元格A10，单击左上角的【编辑】按钮，进入编辑状态。

2 输入文本

在单元格A10中输入"合计"，单击【Tab】按钮完成输入。

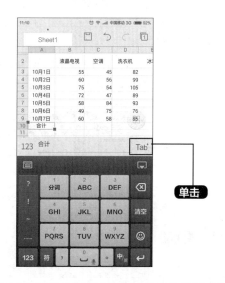

3 求和

点击B10单元格，单击左下角的【工具】按钮，在弹出的区域单击【数据】选项卡的【自动求和】按钮，在弹出的下拉列表中选择【求和】选项。

4 求出结果

弹出如图所示公式，自动选择B3:B9单元格区域，点击【Tab】按钮，求出B10的结果。

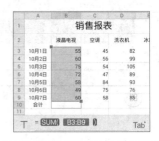

5 计算其他单元格内容

使用同样的方法计算其他单元格内的结果。

6 插入图表

选中单元格区域A3:E9，单击【编辑】区域中的【插入】按钮，在弹出的下拉列表中选择【图表】选项。

7 插入柱形图

如图所示，选择一种【柱形图】图表，然后点击右上角的【确定】按钮。

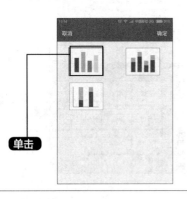

8 保存

插入图表的效果如图所示，将其保存即可。

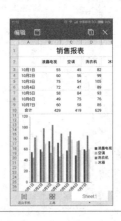